licitations
Bonheur

Bonheur

究極の可愛

歐風刺繡小物130選

輪廓繡、緞面繡、法國結粒繡……擁有各式各樣繡法的歐洲刺繡是相當普及的技法。本書集結了從專業刺繡誌《Stitch》日文版vol.16至24中嚴選的高人氣歐洲刺繡作品。挑款喜歡的圖樣，輕鬆地在手帕或布包上繡繡看吧！書中也介紹了波奇包與抱枕……布小物的作法。

005

048

CONTENTS

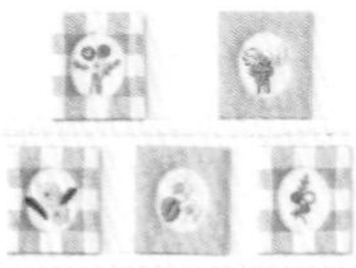

006

012

022

024

037

041

For Babies & Kids

Animal Motif

Journey

Sewing Goods

Wool & Linen

Halloween & Christmas

Japanese Motif

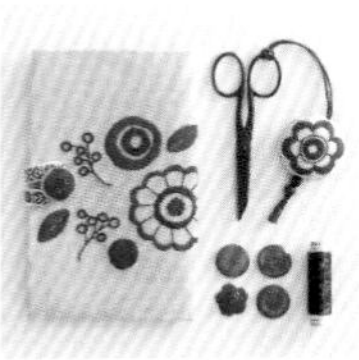

043

046

053

059

Spring

Summer

花朵刺繡口金包

Rairai（蓬萊和歌子）

柔和的春天、舒爽的夏天、沉穩的秋天、潔淨的冬天，
同款式的四個口金包因應季節印象變換配色，
分別繡上春夏秋冬不同花卉。

how to make → P.068・P.069
原寸紙型 → 作品圖案Ⓑ面

Autumn
no. 03
no. 04
Winter

no. 05

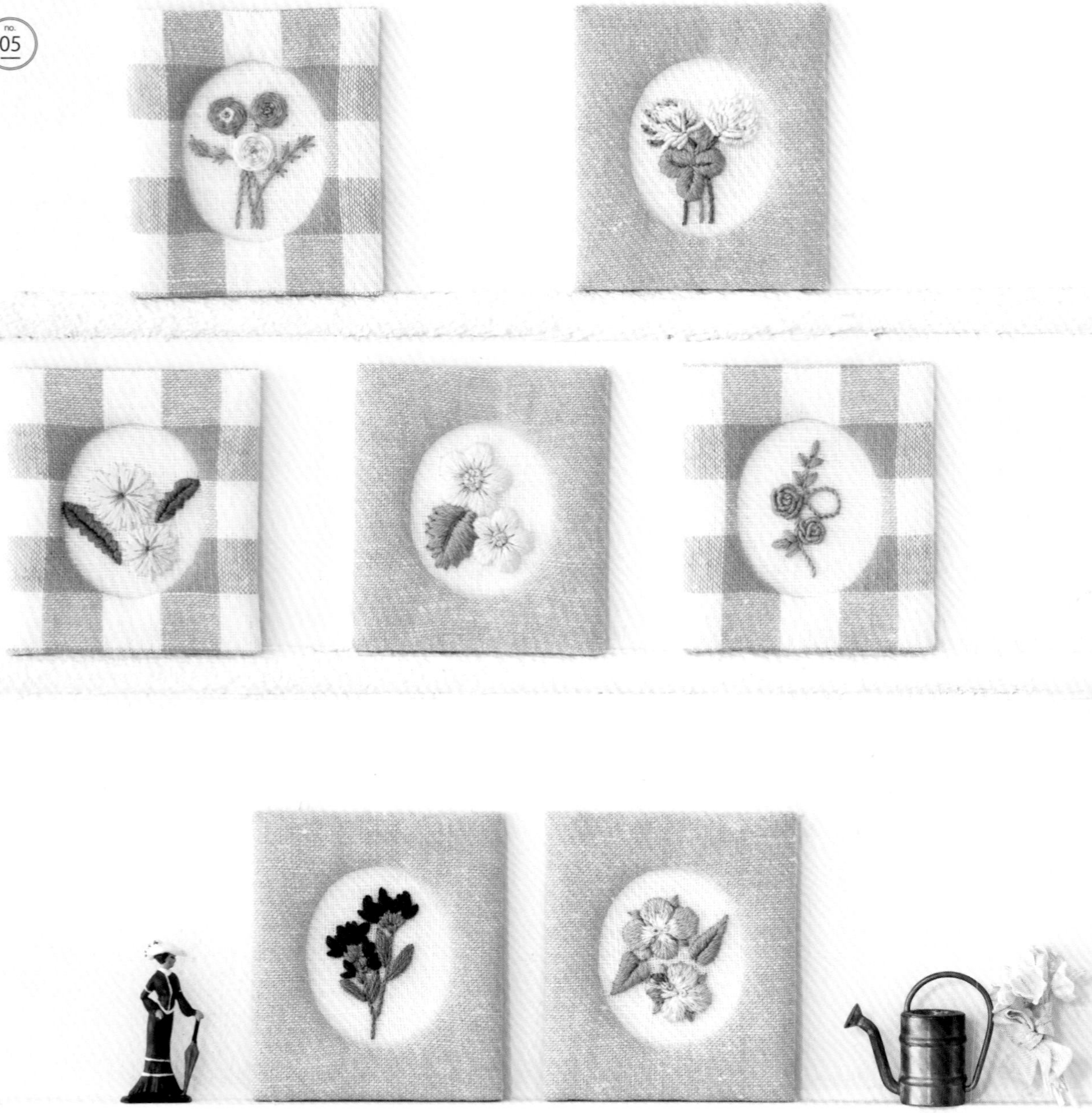

早春之花迷你框飾

nål og tråd（線&針）

圍在小小框內的是春天開始綻放的花兒們。
以有光澤的絲線刺繡，
運用美麗的色彩與蓬軟素材感展現花姿。

how to make & 原寸紙型 → P.070・P.071

no. 06

日本花卉迷你框飾

nål og tråd（線&針）

牽牛花、水芭蕉、都忘菊、菖蒲，
集合了初夏之花的迷你框飾，最適合吊掛於和室。

原寸紙型 ─• 作品圖案Ⓑ面

框物／（株）KAWAGUCHI

no. 07

亞麻手帕

川畑杏奈（annas）

將兒時與貓一起玩耍、摘花的快樂回憶，
如同說故事般地繡在手帕上。

原寸紙型 ⟶ 作品圖案Ⓑ面

no. 08

書套＆筆袋

川畑杏奈（annas）

在圓形底布繡上少女與動物，
再以花朵刺繡圍成一圈的書套。
筆袋擷取書套上的單一圖樣，設計成一套。

原寸紙型 — P.072

新綠草葉刺繡樣本

西須久子

以深淺不一的綠色繡線描繪滿山遍野的林木葉片。
想像葉脈與葉片的姿態移動針線，繡出美麗圖案。

原寸紙型 —• P.073

no. 09

抱枕＆毯子

立川一美

於羊毛的抱枕與毯子上點綴線條細緻的刺繡花草，
讓人感覺溫暖。
可隨個人喜好平衡的配置刺繡圖案。

原寸紙型 ─→ 作品圖案Ⓑ面

no.
10

ABC
Alphabet Sampler

字母刺繡

玫瑰花英文字母樣本

森 れいこ

以銀蔥線在粉紅色亞麻布刺繡英文字母，並點綴小玫瑰花。
不管是繡好26個字母後裱框，
或在手帕繡上姓名首字母都很漂亮。

原寸紙型 — 作品圖案Ⓑ面

no. 11

no. 12

紅線繡抱枕

立川一美

深紅、亮紅、暗紅……
以不同色調的紅線在自然色亞麻布刺繡英文字母。
散發時尚感的抱枕。

how to make → P.079

原寸紙型 → 作品圖案Ⓑ面

no. 13

動物&英文字母

こむらたのりこ

可愛的刺繡樣本。
在線條自由不拘的英文字母點綴動物與花朵，
顏色柔和優雅，營造出繪本般的氛圍。

原寸紙型 ── 作品圖案Ⓐ面

no. 14

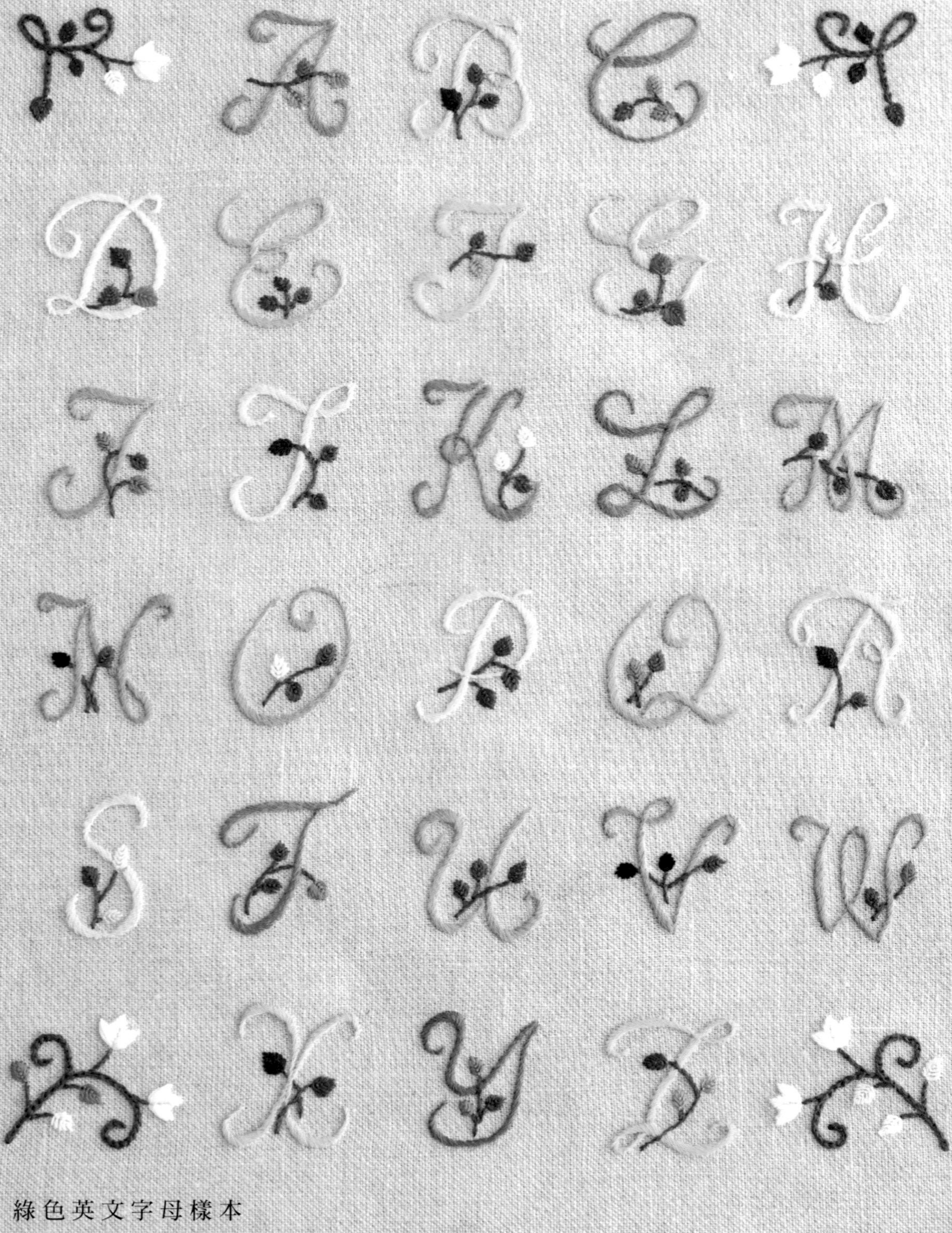

綠色英文字母樣本

西須久子

小花纏繞的26個英文字母。紅色與藍色特別醒目。
即使只有一個字母也容易應用的圖樣。

原寸紙型 → 作品圖案Ⓑ面

no. 15

英文字母&自由刺繡

西須久子

緞面繡、飛鳥繡、捲線繡等基本的歐洲刺繡技法與
英文字母的組合。
以五顏六色的刺繡，作出專屬於自己的樣本。

原寸紙型 ━• 作品圖案Ⓐ面

姓名首字母胸針

川畑杏奈（annas）

組合英文字母與開頭為該字母圖案的胸針。
小小的空間卻饒富刺繡樂趣。

原寸紙型 —• P.072

no. 17

秋色髮圈

川畑杏奈（annas）

在包釦髮圈繡上秋意盎然的花束。
捧著花籃的女孩與小白兔讓人聯想到童話故事。

原寸紙型 ─• P.074

情人節胸針

toccotocco（山神亜衣子）

刺繡LOVE字樣的巧克力造型胸章。
美味誘人的巧克力是以緞面繡與輪廓繡描繪出來的。

how to make & 原寸紙型 → P.075

Sincères Félicitations
et Voeux de Bonheur

no. 19

串珠刺繡胸針

momo

高跟鞋、包包、香水、髮夾，都是令女孩兒們愛不釋手的圖樣。
作為禮物送人，對方也會很開心。

how to make → P.075

原寸紙型 → 作品圖案Ⓐ面

no. 20

髮飾

早川靖子

裝飾用的髮夾與髮圈，吸睛程度超乎預期！
花朵、水果……繽紛地繡上自己喜歡的圖案吧！

how to make → 髮夾= P.076
原寸紙型 → P.023

原寸紙型

no.
20
P.022

一律為DMC25號繡線
除了指定處之外皆為3股線・緞面繡

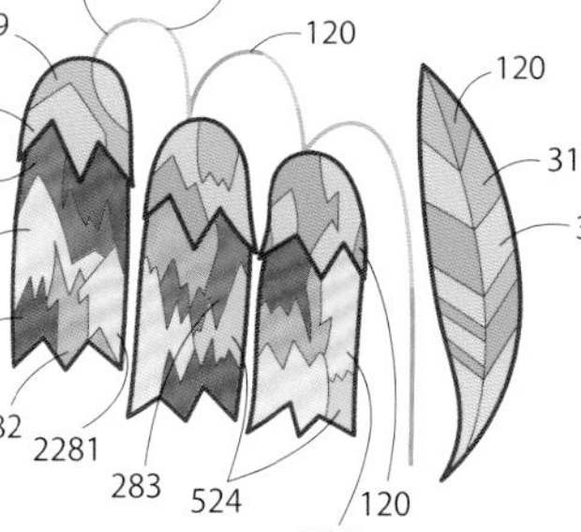

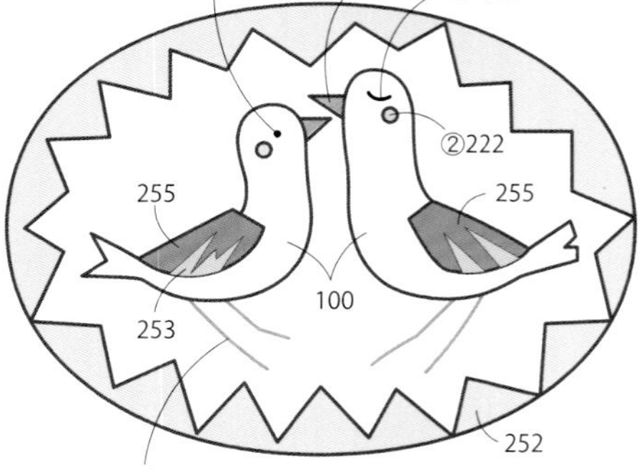

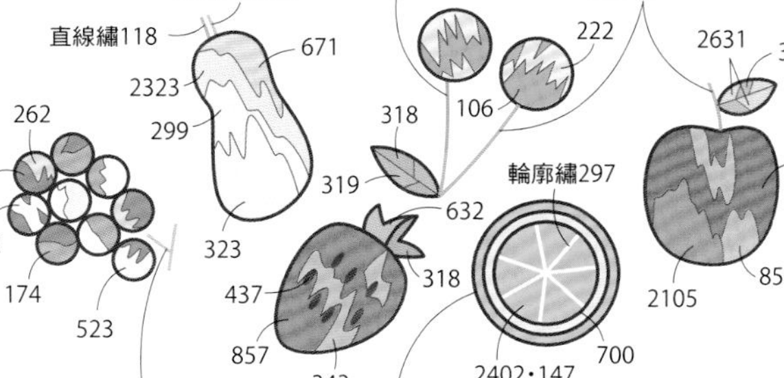

BABY
no. 21
Congratulations! May your sweet angel bring you lots of happiness.
It's a Girl!
no. 22
It's a Boy!
Best wishes for your baby's happy future!

祝賀小寶寶誕生

umico

流露潔淨感的白框最適合用來祝賀小寶寶誕生。
女孩兒是心形圖案，男孩兒是東方白鶴，
再繡上祝福的留言，就是特別的禮物。

原寸紙型 ─→ 作品圖案Ⓐ面

框物／（株）KAWAGUCHI

女孩&媽媽的禮物

すぎはらはるみ（moco*moco）

黑色山羊造型，表情呆然的可愛斜肩包，
適合女孩出門使用。
給媽媽的扁平波奇包是大人味的白色山羊圖案。

how to make & 原寸紙型 → P.078至P.081

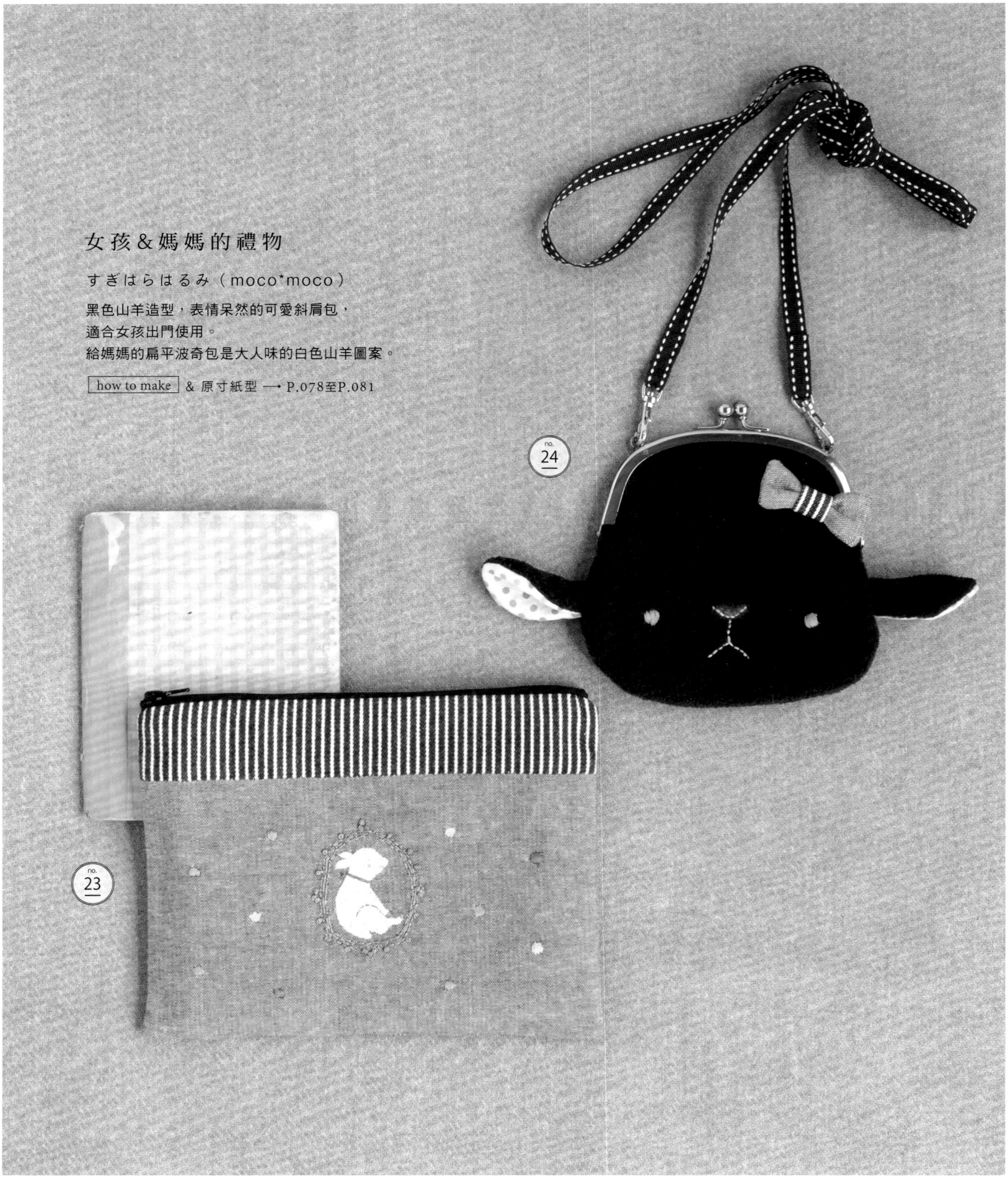

no. 25

男孩開襟外套

川畑杏奈（annas）

把藍色開襟外套當成宇宙，
繡上到太空快樂旅行的圖案。
送給夢想當太空人的孩子再適合不過了！

原寸紙型 → P.076

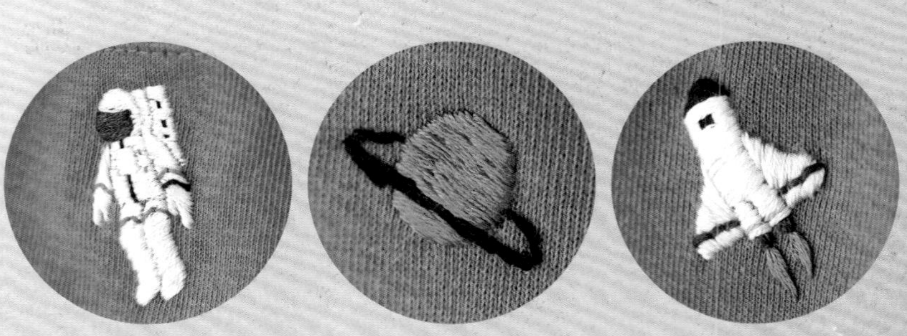

no. 26

貓咪學習袋

石井寛子

帶著貓咪一起快樂學習，
不織布的吉祥物吊飾格外引人注目。
可配合孩子身高調整提把長度。

how to make → P.082・P.083
原寸紙型 → 作品圖案Ⓑ面

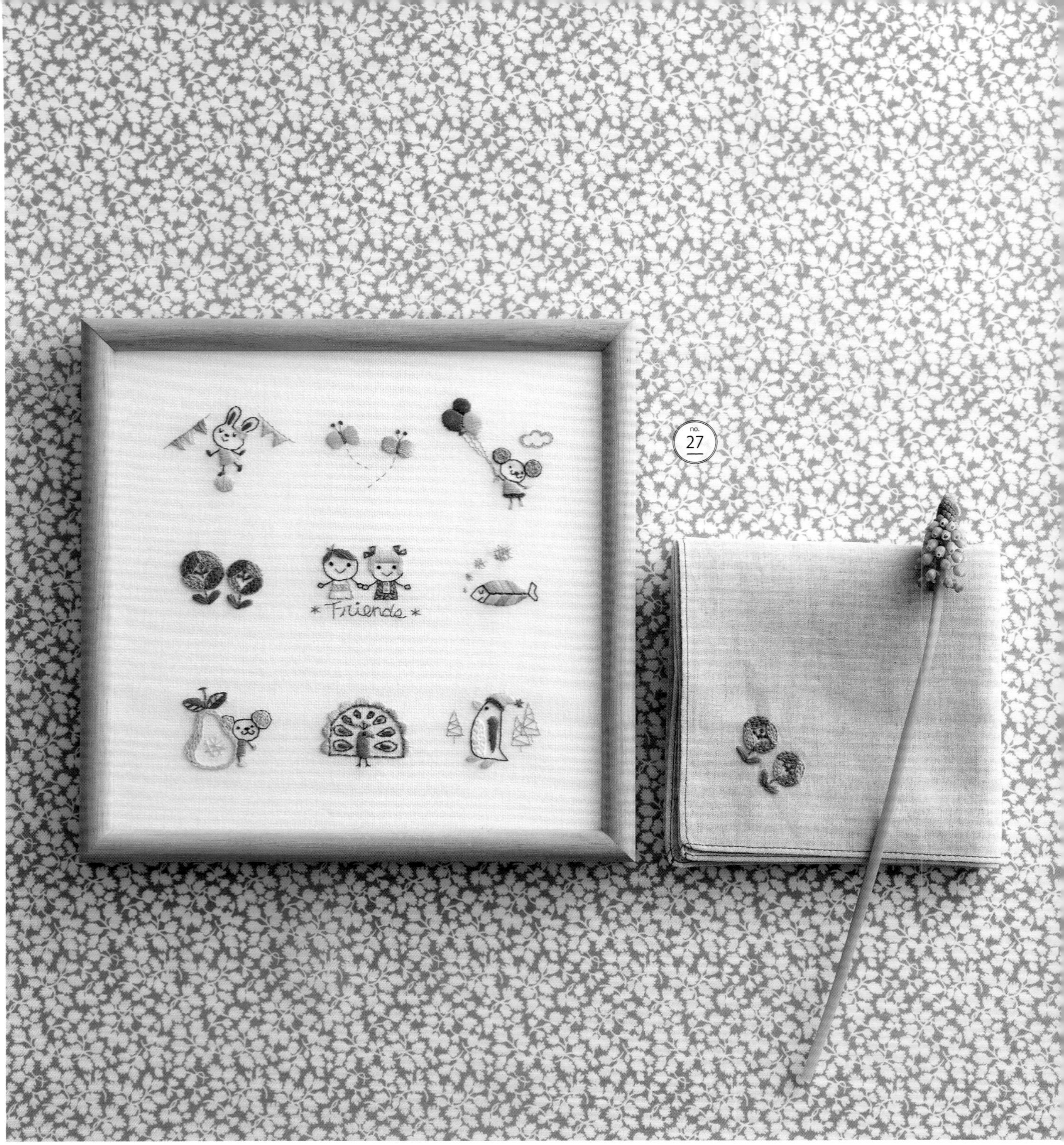

no. 27

適合孩子的重點刺繡

堀内さゆり（Biene）

在T恤、包包及襪子等刺繡可愛的標記，
一眼就能辨識是自己的物品。
挑選孩子喜歡的圖案與顏色開始刺繡吧！

原寸紙型 ⟶ P.029

原寸紙型

no. 27

P.028

一律為DMC25號繡線　除了指定處之外皆為2股・緞面繡
法國結粒繡除了指定處之外皆繞2圈　動物的眼・鼻皆為803・1股

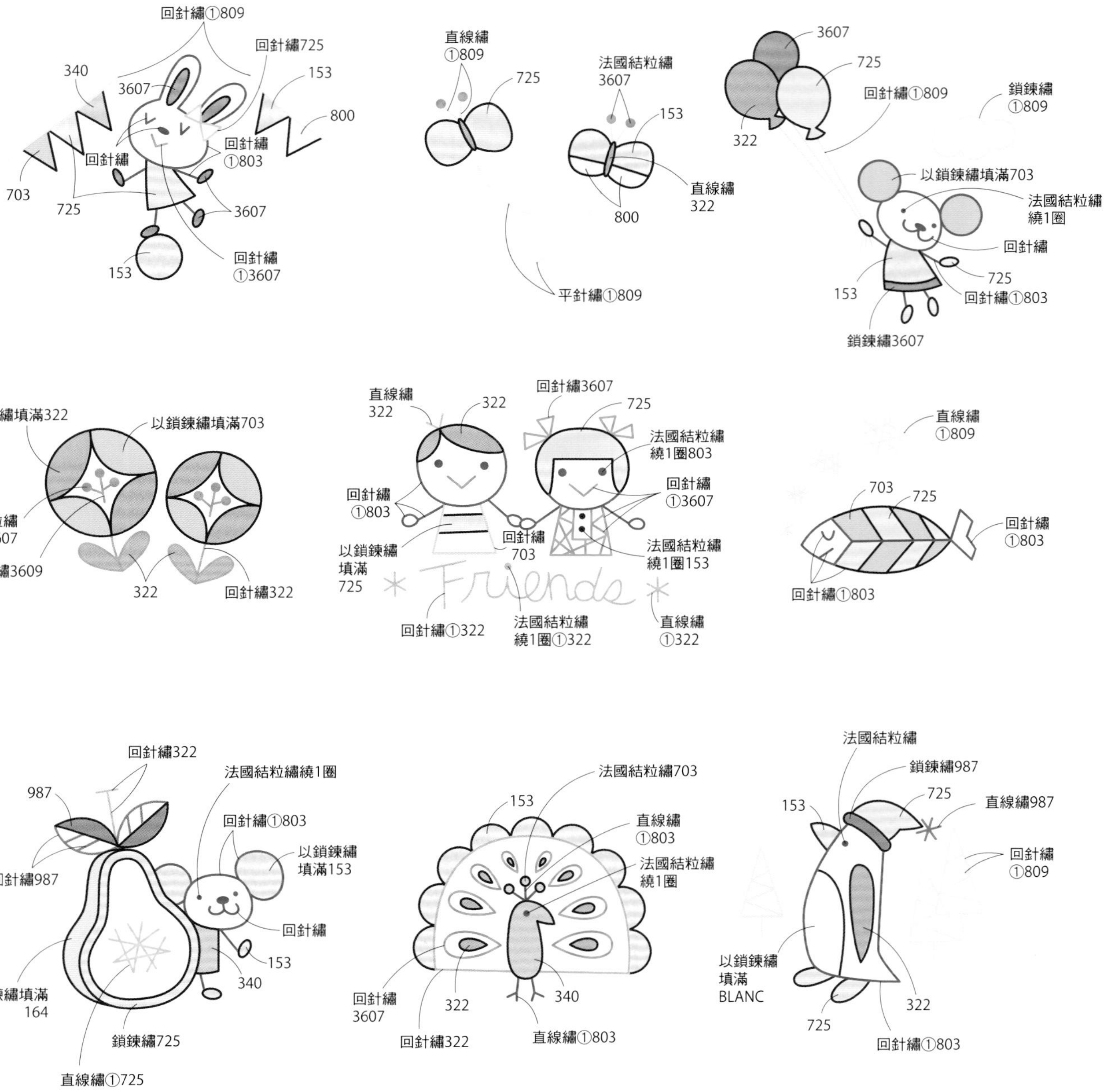

松鼠＆橡實居家裝飾

こむらたのりこ

在亞麻布條刺繡與秋天氣息合拍的圖案。
裡面塞入香料當香包，
或以緞帶吊掛當裝飾也很可愛。

原寸紙型 → P.074

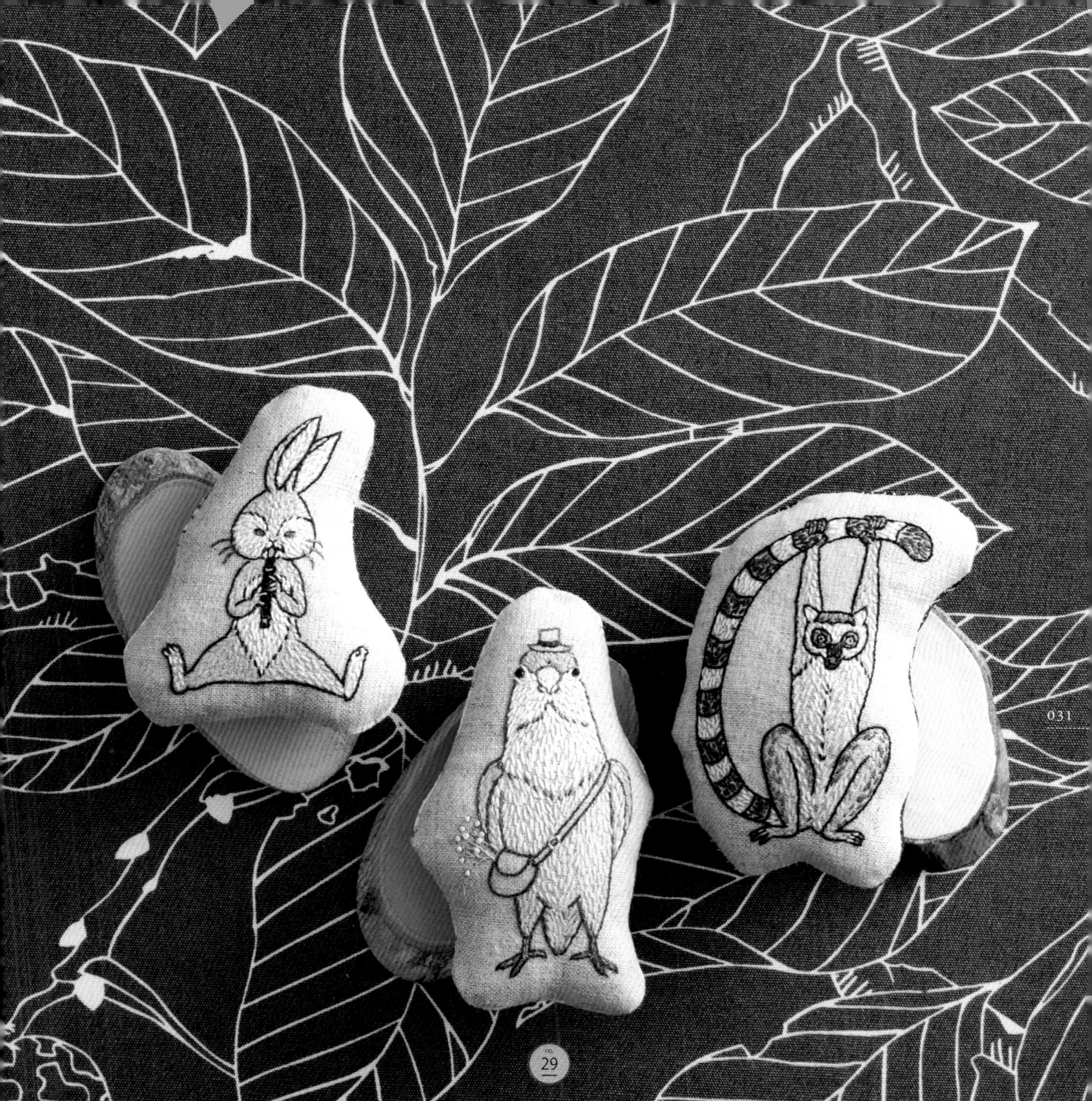

no. 29

迷你抱枕

マルチナチャッコ

兔子、桃面愛情鸚鵡、環尾狐猴圖案的袖珍抱枕。先以輪廓繡勾勒出外形，再以直線繡填上毛色。

原寸紙型 → P.084

no. 30

秋天果實蓋布

石井寛子

色彩雅緻的刺繡蓋布，點綴了抱著橡實的松鼠、蘑菇與落葉。對角是銜著樹枝的鳥兒。

原寸紙型 ⟶ 作品圖案Ⓐ面

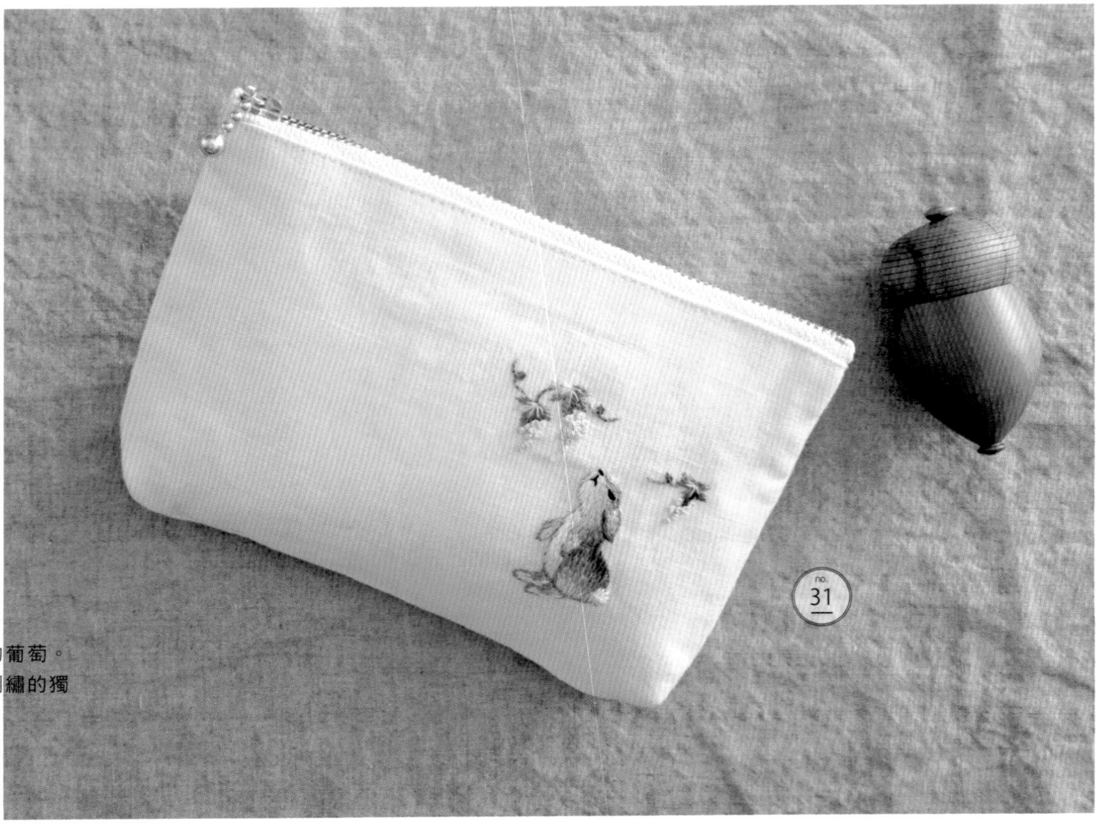

兔子波奇包

Fil工作室

兔子抬頭望著看起來好好吃的葡萄。漸層的美麗毛色，展現歐洲刺繡的獨特性。

原寸紙型 ⟶ 作品圖案Ⓑ面

貓頭鷹 &
幸運草手帕

浅賀菜緒子

象徵會帶來好運的貓頭鷹與四葉幸運草手帕。以簡單的輪廓繡與緞面繡描繪圖案。

原寸紙型 ⟶ 作品圖案Ⓐ面

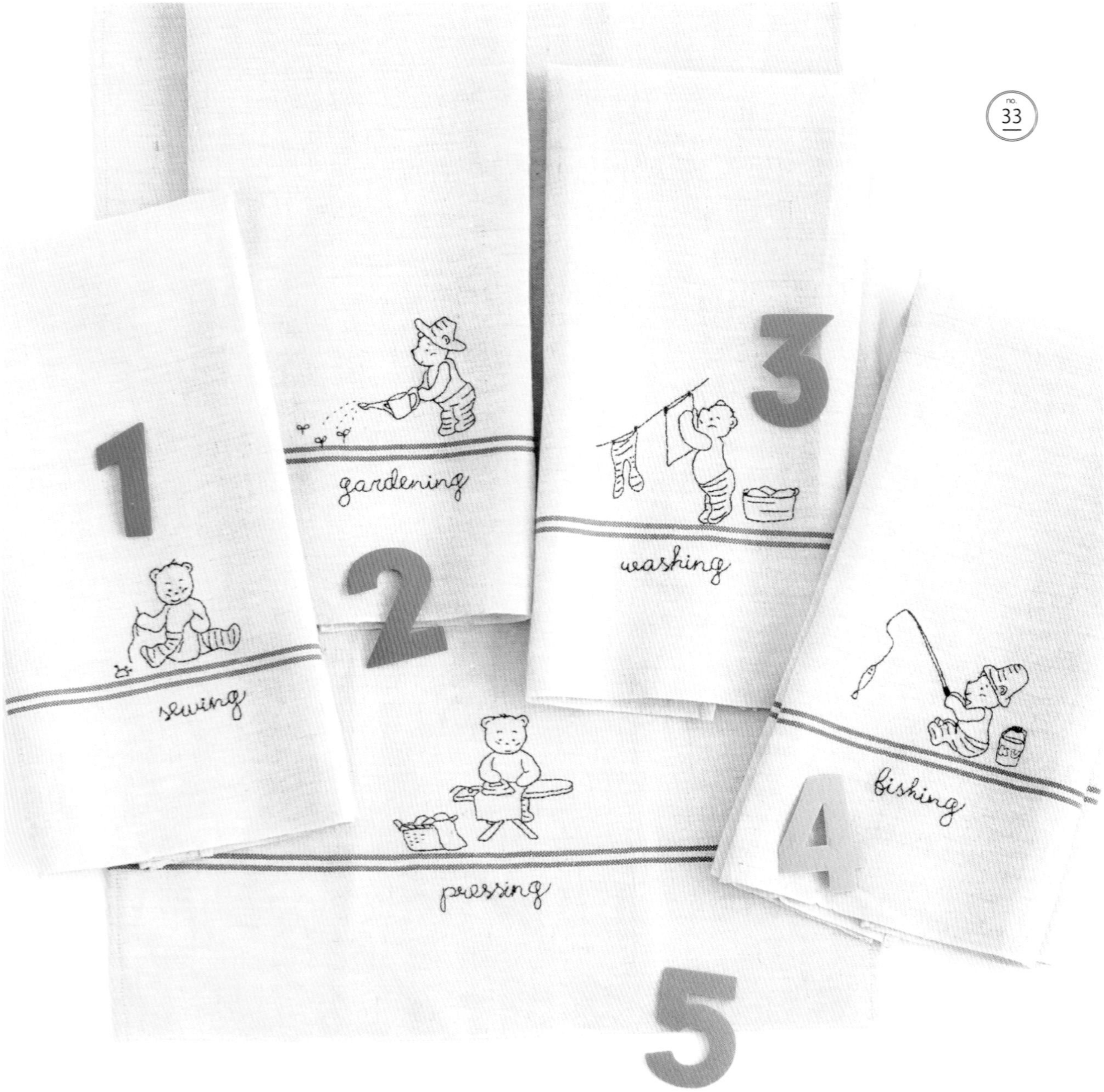

1 sewing

2 gardening

3 washing

4 fishing

5 pressing

034

勤勞的泰迪熊廚房布巾

中島一惠

在1930至1950年代美國復古布中，可以見到以一周家事為主題的圖案。在廚房布巾刺繡勤奮的泰迪熊造型，每天使用會使心情更加愉悅吧！

原寸紙型 ─ 作品圖案Ⓑ面

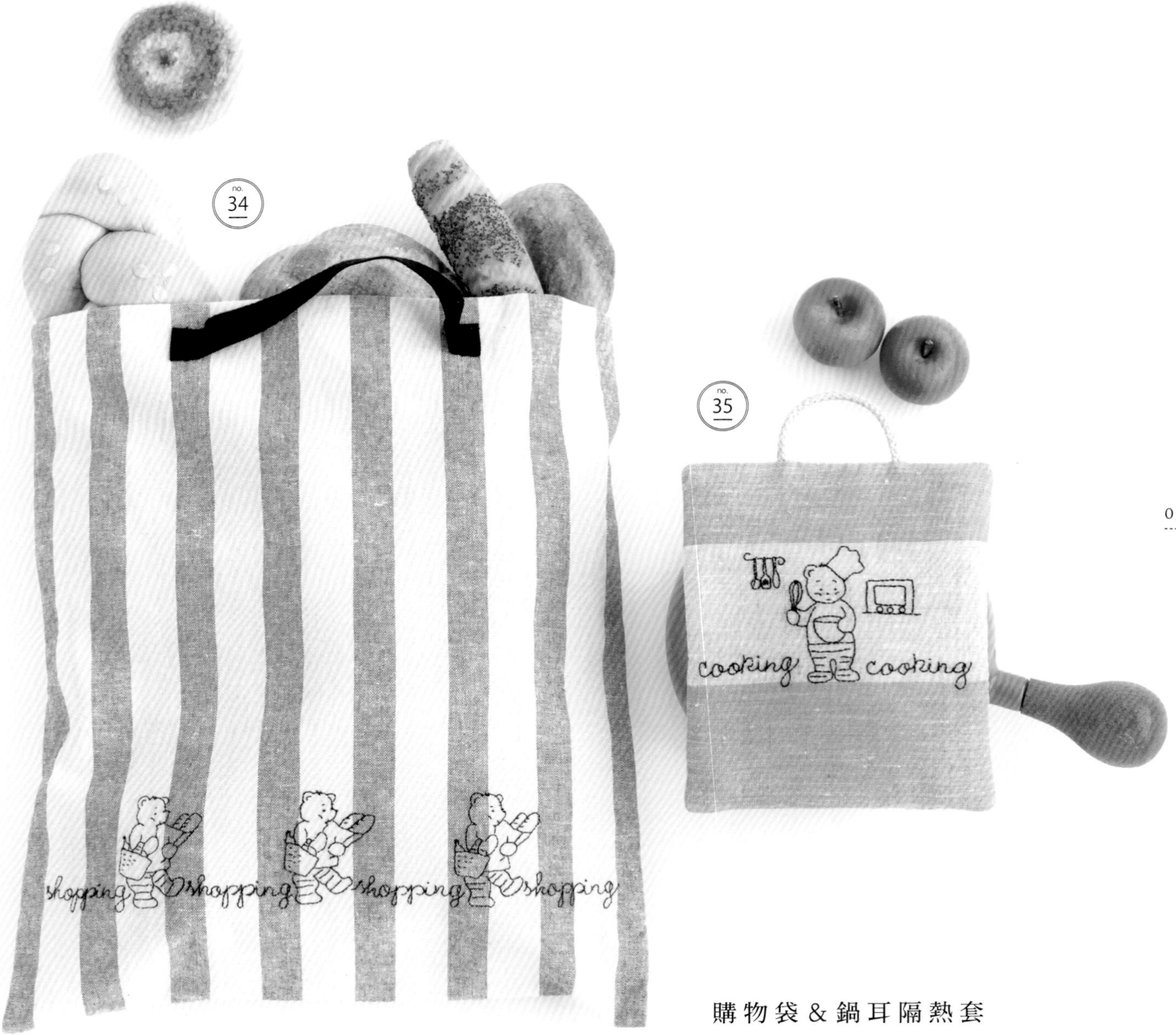

購物袋＆鍋耳隔熱套

中島一恵

將泰迪熊圖案活用於購物袋與鍋耳隔墊套上。
英文字母與纖細插圖，若以回針繡製作可以表
現得很出色。

how to make P.086・P.087

藍色外出套組

石井寬子

藍色的鳥兒由深到淺排列於迷你袋上。
亮點裝飾兔子與蝴蝶的小物，
也成套地使用藍色系繡線製作。

原寸紙型 —• P.077

東藍鴝＆藍色花朵框飾

渡部友子（a Little Bird）

擁有鮮麗羽毛，使人印象深刻的東藍鴝，搭配三色堇、秋牡丹、黑種草與藍雛菊的刺繡框飾，是能博得收禮人喜愛的喬遷或結婚賀禮。

原寸紙型 ⟶ 作品圖案Ⓐ面

no. 39

花朵刺繡束口袋＆護照套

西須久子

想要與旅遊計畫一起備妥的束口袋與護照套。
同色系的漸層花瓣，繡法非常簡單。

how to make → P.088至P.090
原寸紙型 → 40＝P.089　41＝P.074

玫瑰花衣架套＆
迷你波奇包

笹尾多惠

攀爬於花格的玫瑰花圖案衣架套，帶著出遊，讓住房內的衣櫃散發典雅韻味。繡法簡單的玫瑰花，換個顏色點綴於迷你波奇包上。

原寸紙型 ─→ 作品圖案Ⓐ面

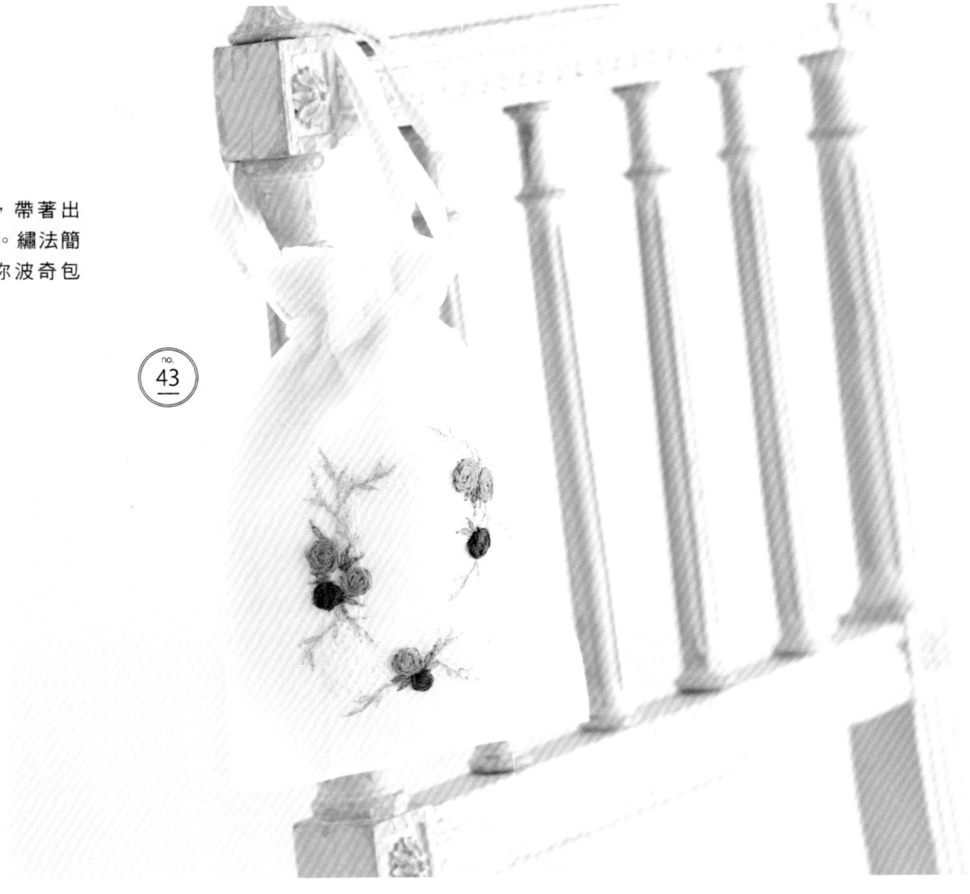

繽紛束口袋

nål og tråd（針&線）

女性衣物圖案所使用的繡線，特徵在質感蓬鬆、色彩亮麗。有了這般可愛的束口袋，行李就能收拾得整整齊齊。

how to make & 原寸紙型 — P.092・P.093

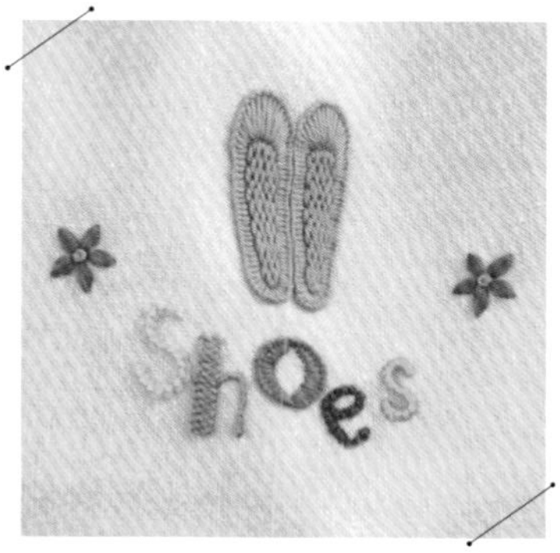

no. 45

巴黎女孩框飾

シマヅカオリ

主題是旅行時邂逅的漂亮女孩們，艾菲爾鐵塔與凱旋門等街景也一起繡出，傳遞出對巴黎的想念。

原寸紙型 ⟶ 作品圖案Ⓐ面

黑白縫紉工具組

umico

將繡好的布包覆厚紙，當作現成提籃的蓋子，自創縫紉箱。
線軸造型的針插與剪刀套是成組的設計。

how to make → 47・48 =P.094・P.095
原寸紙型 → 46=P.091　47=P.094　48=作品圖案Ⓐ面

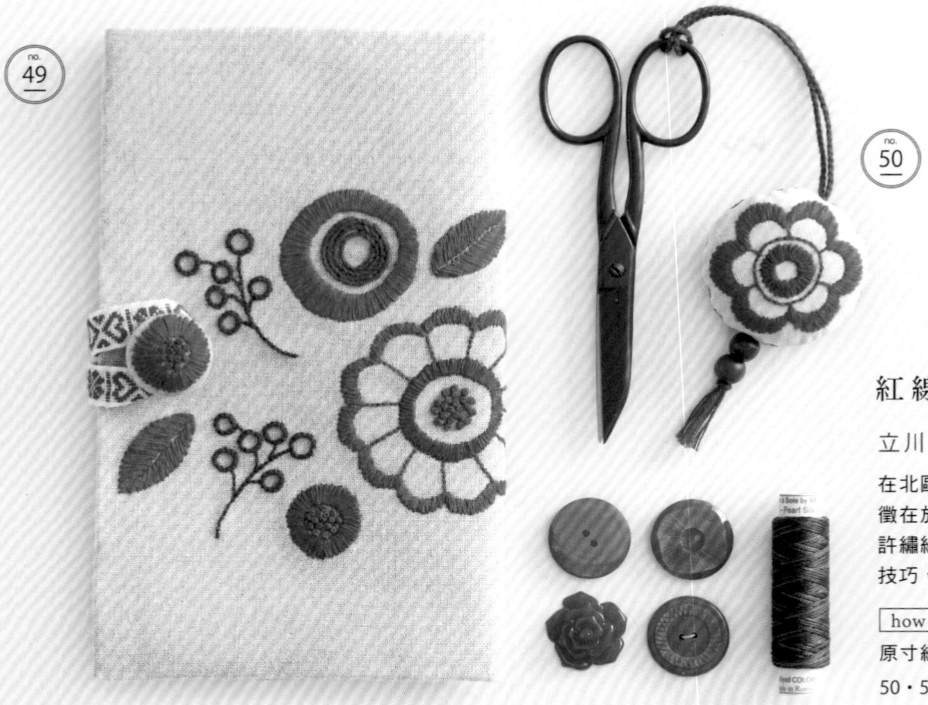

紅線繡縫紉小物

立川一美

在北歐自古即深受喜愛的紅線繡，特徵在於背面只有很少的渡線。在以少許繡線創造更大效果的構想下誕生的技巧，讓生活變得多彩多姿。

how to make → 49=P.096・P.097
原寸紙型 → 49＝P.045
50・51＝P.044 52＝P.097

紅線繡縫紉小物

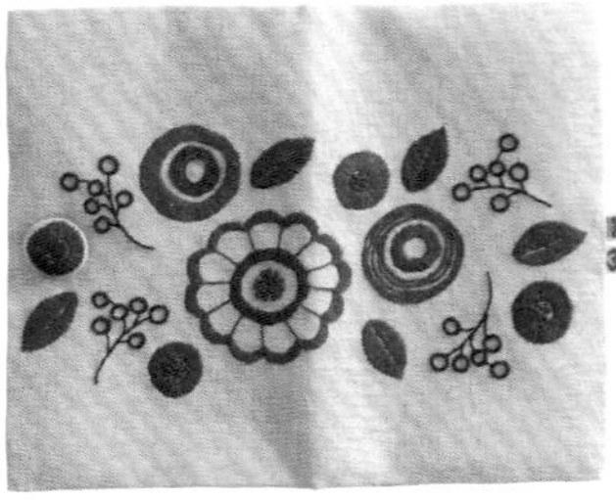

no.49
P.043

浮凸緞面繡（圈圈圖案）

內圈針目舒暢而不過密實。

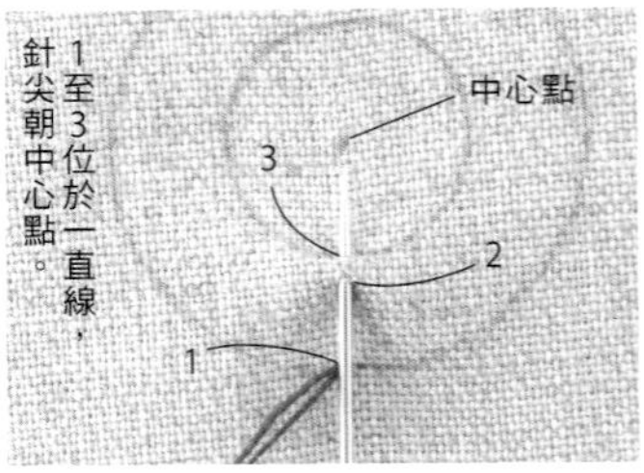

1 在外圈出針（1），朝中心入針（2），再於內圈的3出針。

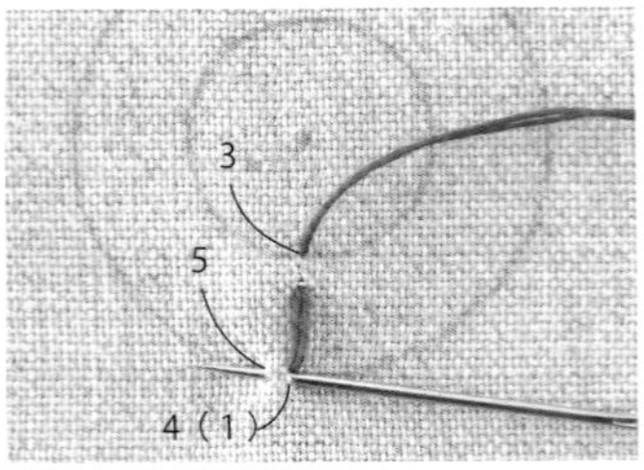

2 與1同一位置入針（4），僅挑縫少許布於5出針。

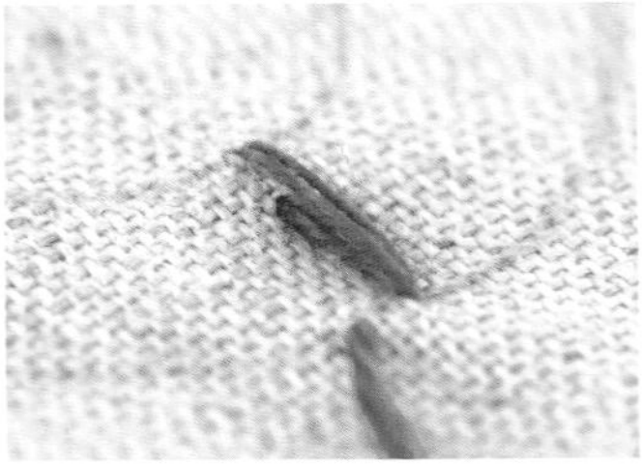

3 拔出步驟2的針，拉好線的樣子。在步驟1的短針目上重疊步驟2的長針目，讓外圈呈現分量感。

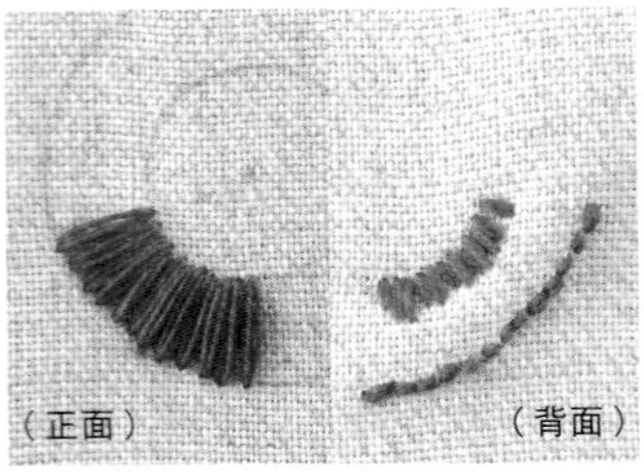

4 重複步驟1・2，放射狀的刺繡。背面看起來像是細回針繡。

緊密刺繡的鋸齒繡

背面無多餘的渡線，可以繡得工整漂亮。

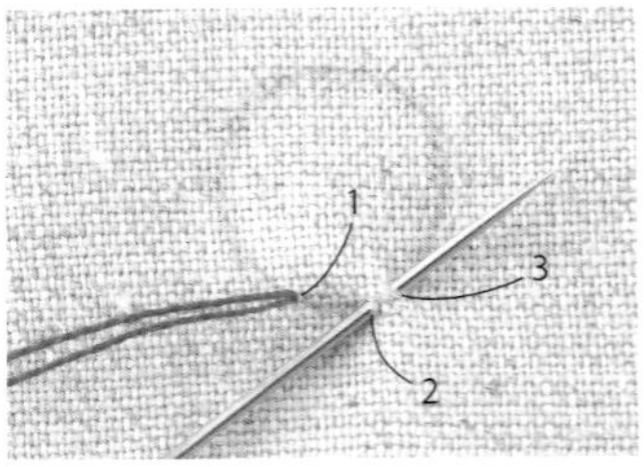

1 從1出針2入針。僅挑縫少許布於3出針。

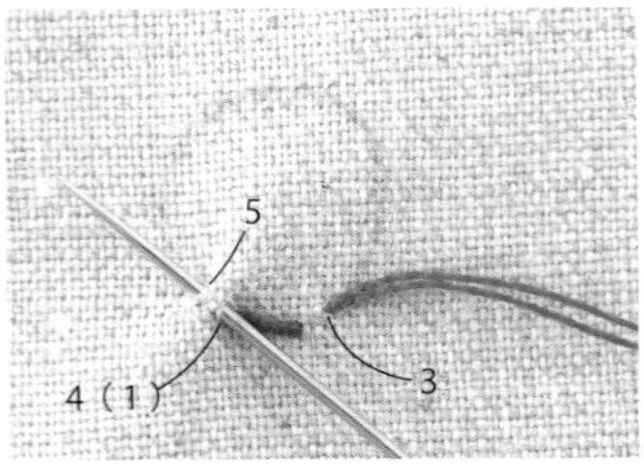

2 與1同一位置入針（4），僅挑縫少許布於5出針。

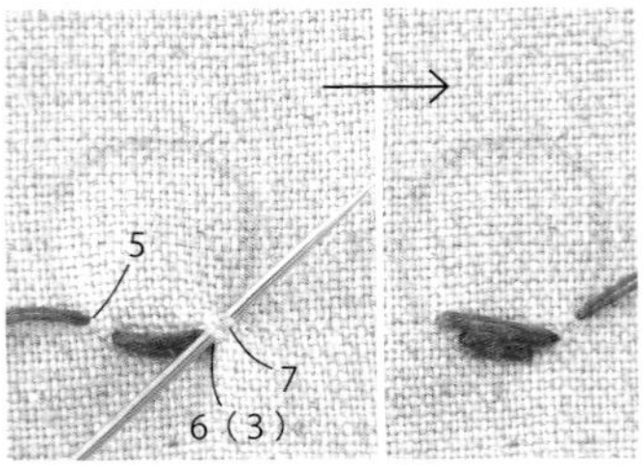

3 重複「與之前的同一位置出針，僅挑縫少許布」，比照1・2的作法刺繡。

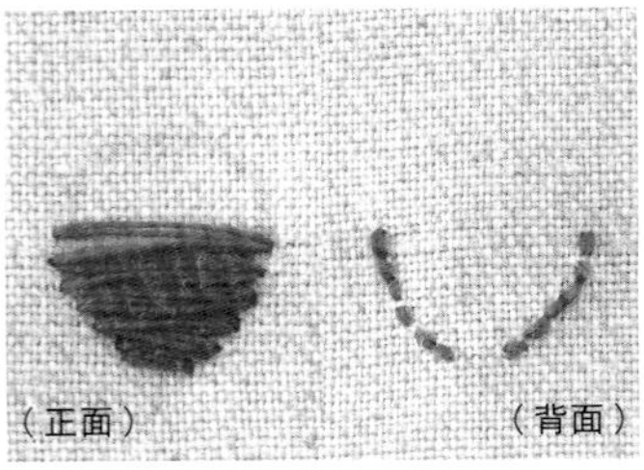

4 背面看起來像是細回針繡。

原寸圖案

no.50
P.043

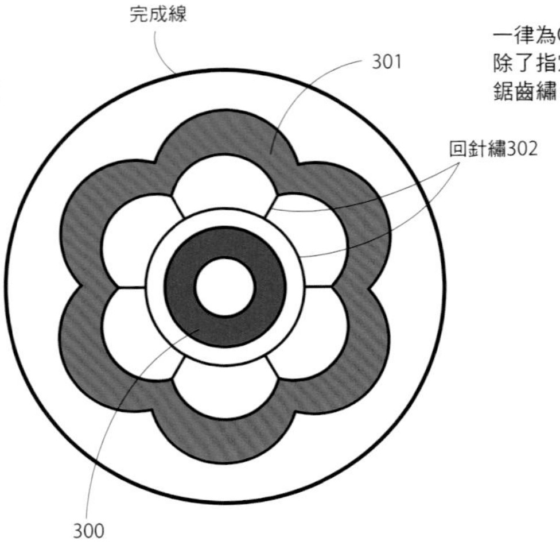

一律為OOE花線2股
除了指定處之外皆為浮凸緞面繡
鋸齒繡＝緊密刺繡的鋸齒繡

no.51
P.043

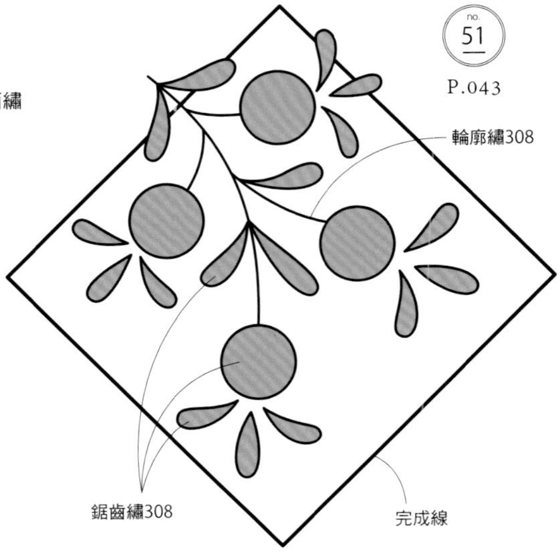

原寸圖案

no.
49
P.043

一律為OOE花線2股線
除了指定處之外皆為浮凸緞面繡
鋸齒繡＝緊密刺繡的鋸齒繡
法國結粒繡皆繞2圈

羊毛繡框飾

nål og tråd（針&線）

運用柔軟有分量感的羊毛繡線描繪各種花卉，並配置成圓形。
擺飾於屋內，為空間注入暖意。

原寸紙型 —• P.100

作品No.53・No.54的羊毛繡線／ART FIBER ENDO

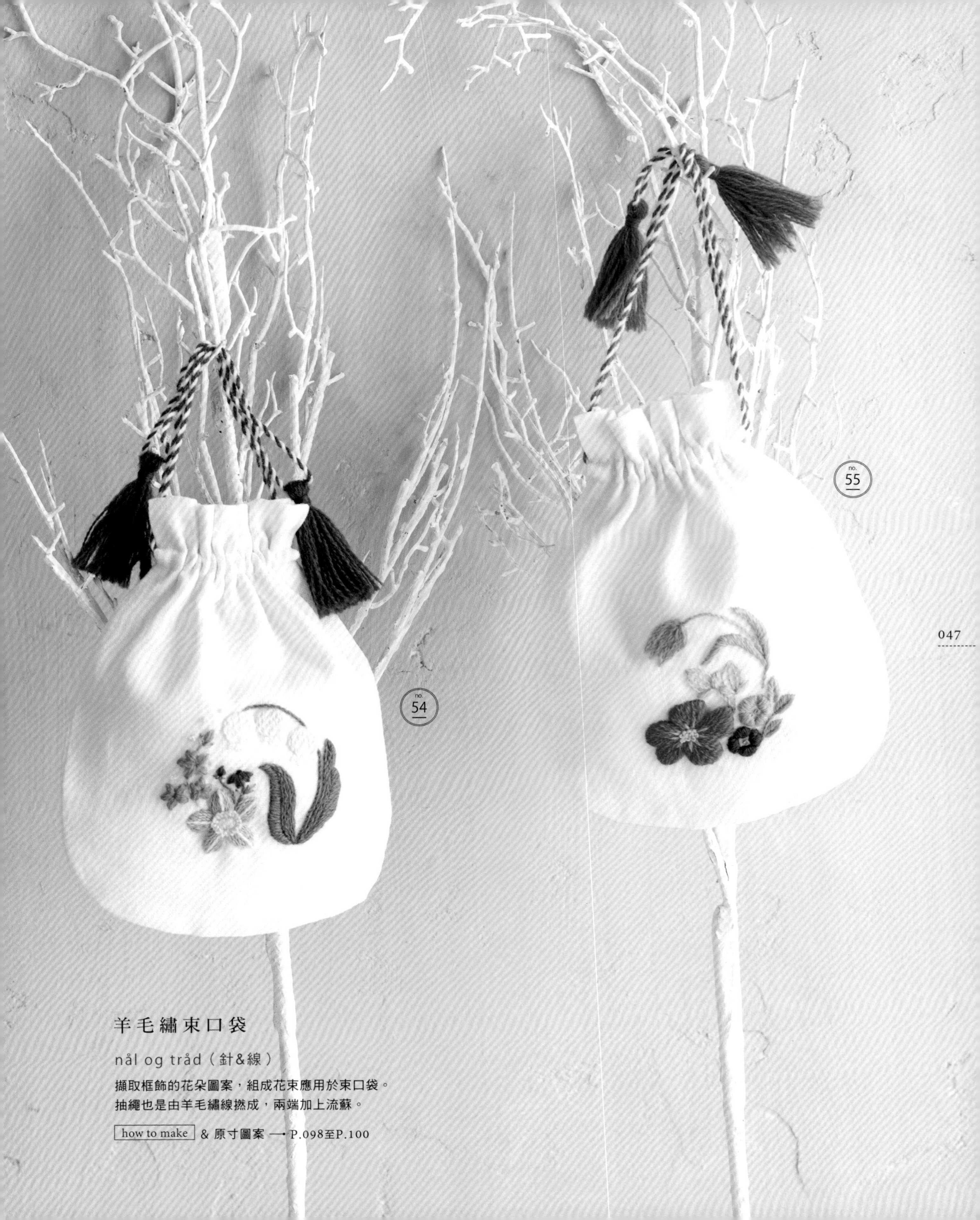

羊毛繡束口袋

nål og tråd（針&線）

擷取框飾的花朵圖案，組成花束應用於束口袋。
抽繩也是由羊毛繡線撚成，兩端加上流蘇。

how to make & 原寸圖案 —• P.098至P.100

no. 56

亞麻繡花卉樣本

西須久子

以高品質的亞麻繡線刺繡的花朵樣本。
亞麻繡線的啞光質感將花朵襯托得愈加楚楚動人。

原寸紙型 ─→ 作品圖案Ⓐ面

作品No.56・No.57的亞麻繡線／ART FIBER ENDO

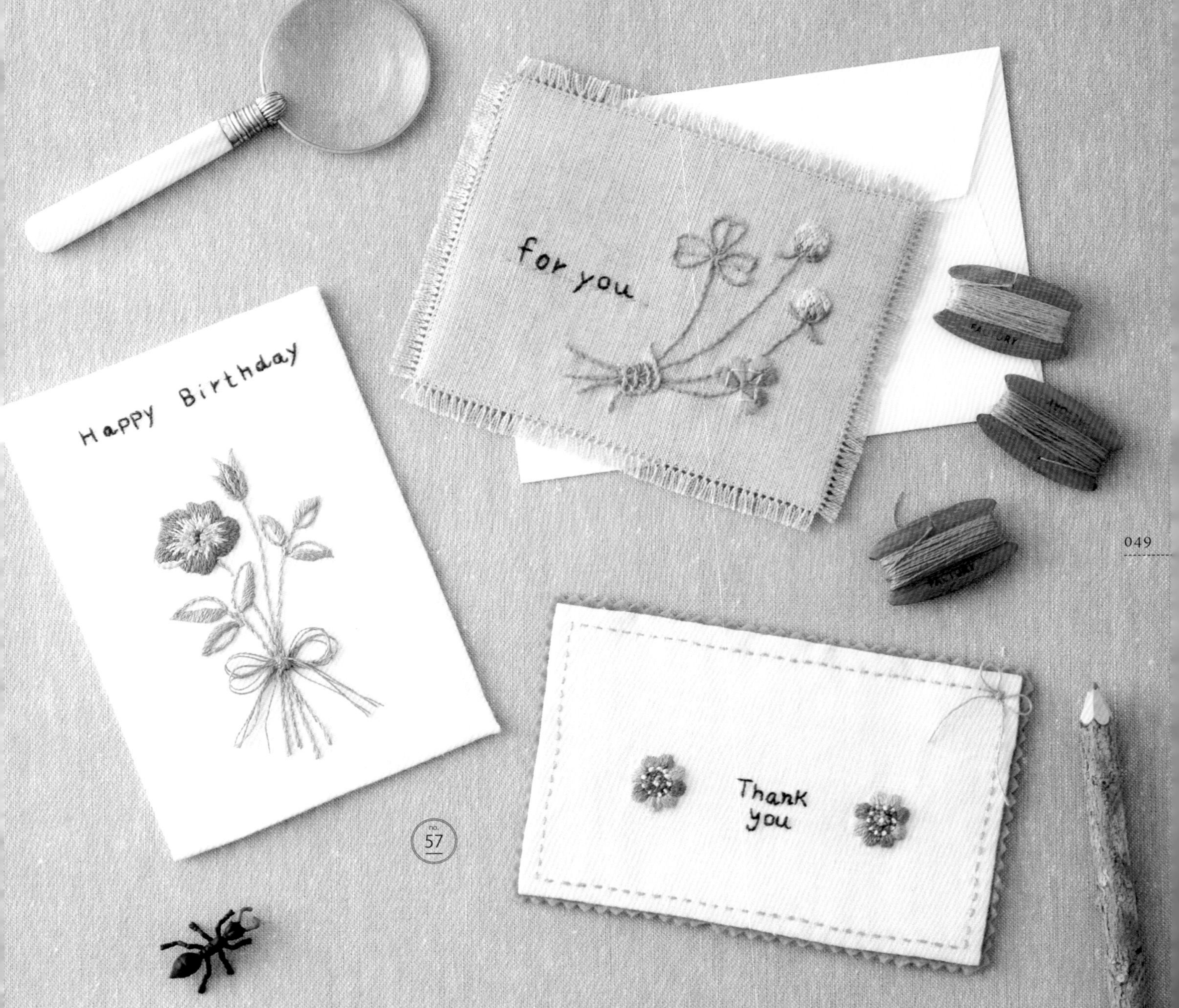

no. 57

亞麻繡卡片

西須久子

從花卉樣本挑選圖案，再配上留言，作成布卡片。
藉由一張小卡片傳送心意或祝福。

原寸紙型 → 作品圖案Ⓐ面

no. 58

萬聖節花環

ささきみえこ

在不織布刺繡蝙蝠與南瓜等圖案後剪成鋸齒狀。
再與葉形不織布一起黏貼配置於花環的基底上，即完成的可愛作品。

how to make & 原寸圖案 → P.102・P.103

萬聖節框飾

せばたやすこ

巫婆、黑貓、蝙蝠……浮在滿月不織布上的其實是胸針。隨喜好自由組合，胸針也能單獨使用。

how to make → P.104・P.105
原寸圖案 → P.105
& 作品圖案Ⓑ面

no. 59

聖誕迷你抱枕

石井寛子

一個是白鬍子聖誕老公公，另一個是拆禮物的場景，
皆是洋溢著興奮期盼聖誕到來的歡樂作品。

原寸紙型 ─→ 作品圖案Ⓐ面

no. 62

聖誕飾品

石井寛子

多作幾個靴子、雪人、花環等飾品，用來點綴聖誕樹。刺繡加上串珠、鈴鐺或蝴蝶結，熱鬧非凡。

原寸紙型 ⟶ P.084・P.085

no. 63

玻璃球吊旗

umico

以銀蔥與藍色系繡線刺繡的白色聖誕飾品。
歐根紗中的串珠如白雪般綻放柔和光采。

how to make & 原寸圖案 → P.106・P.107

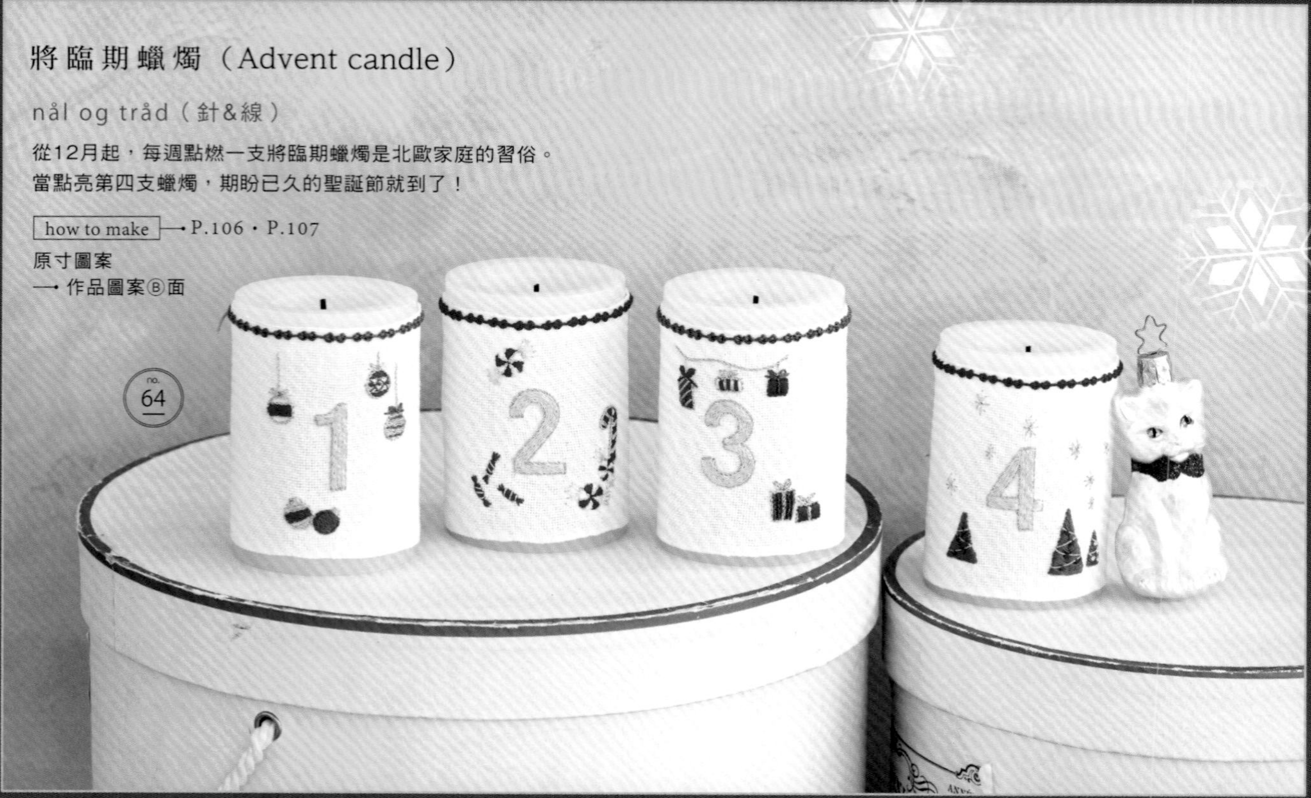

將臨期蠟燭（Advent candle）

nål og tråd（針&線）

從12月起，每週點燃一支將臨期蠟燭是北歐家庭的習俗。
當點亮第四支蠟燭，期盼已久的聖誕節就到了！

how to make → P.106・P.107
原寸圖案
→ 作品圖案Ⓑ面

no. 64

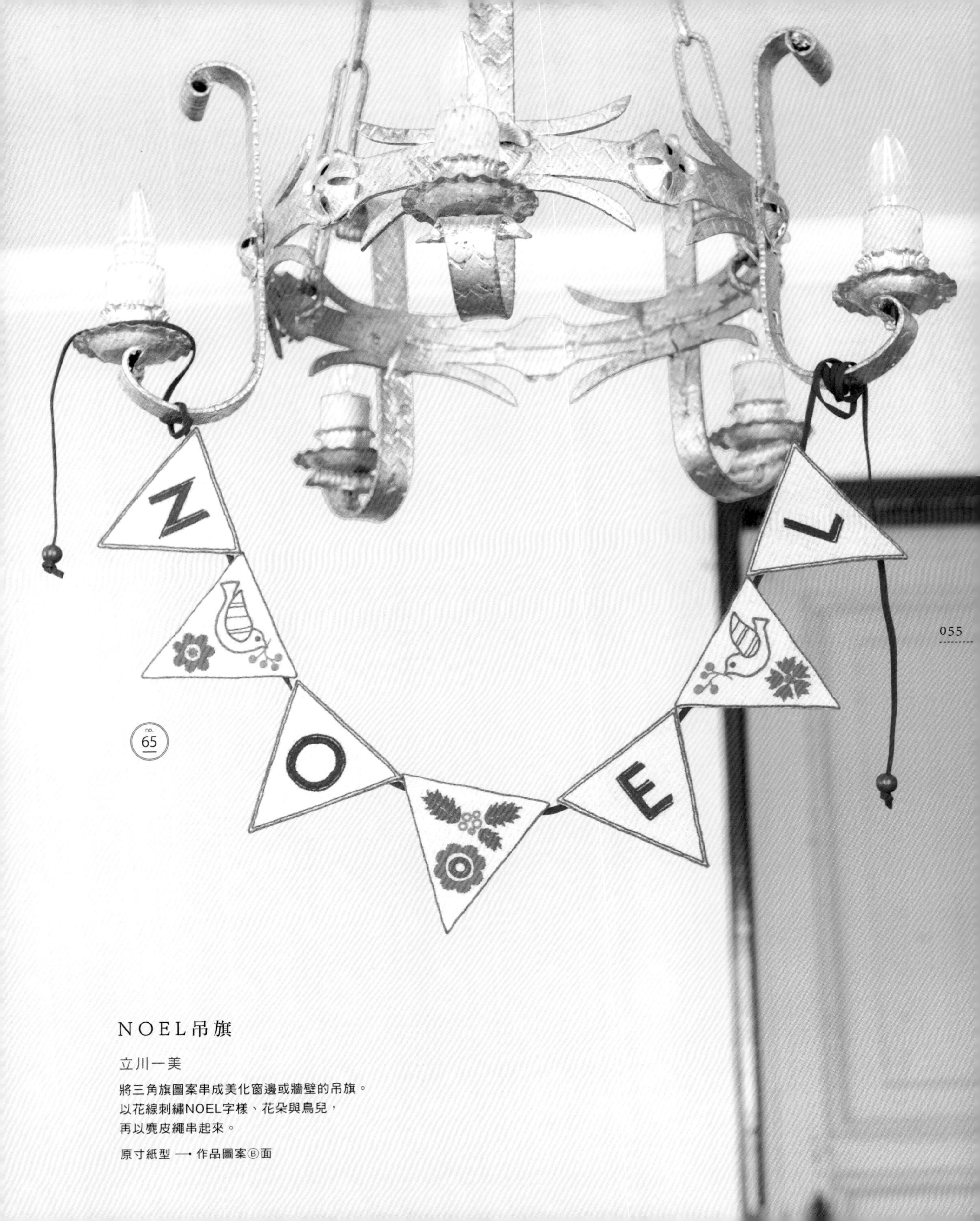

no.
65

NOEL吊旗

立川一美

將三角旗圖案串成美化窗邊或牆壁的吊旗。
以花線刺繡NOEL字樣、花朵與鳥兒，
再以麂皮繩串起來。

原寸紙型 ─→ 作品圖案Ⓑ面

刺繡紅包袋

早川靖子

繡上和風圖案，當成紅包袋裝壓歲錢或小費。
可以櫻花、梅花、茶花及羽毛圖案的胸針封住袋口。

how to make & 原寸紙型 → P.0108・P.109

no. 66

新春小餐墊

早川靖子

陀螺、年菜不可少的蝦子、不倒翁、鏡餅圖案的小餐墊，為餐桌增添歡樂的新春氣氛。款待客人時使用也很適合。

原寸紙型 ─• 作品圖案Ⓐ面

no. 67

no. 68

女兒節沙包

隈倉麻貴子

以零碼絲綢布製作沙包，繡上蝴蝶、鴿子、蛤蜊與桃花。
呼應節慶與季節的圖案及華美的色彩組合，令人樂在其中。

how to make → P.110・P.111　原寸紙型 → 作品圖案Ⓐ面

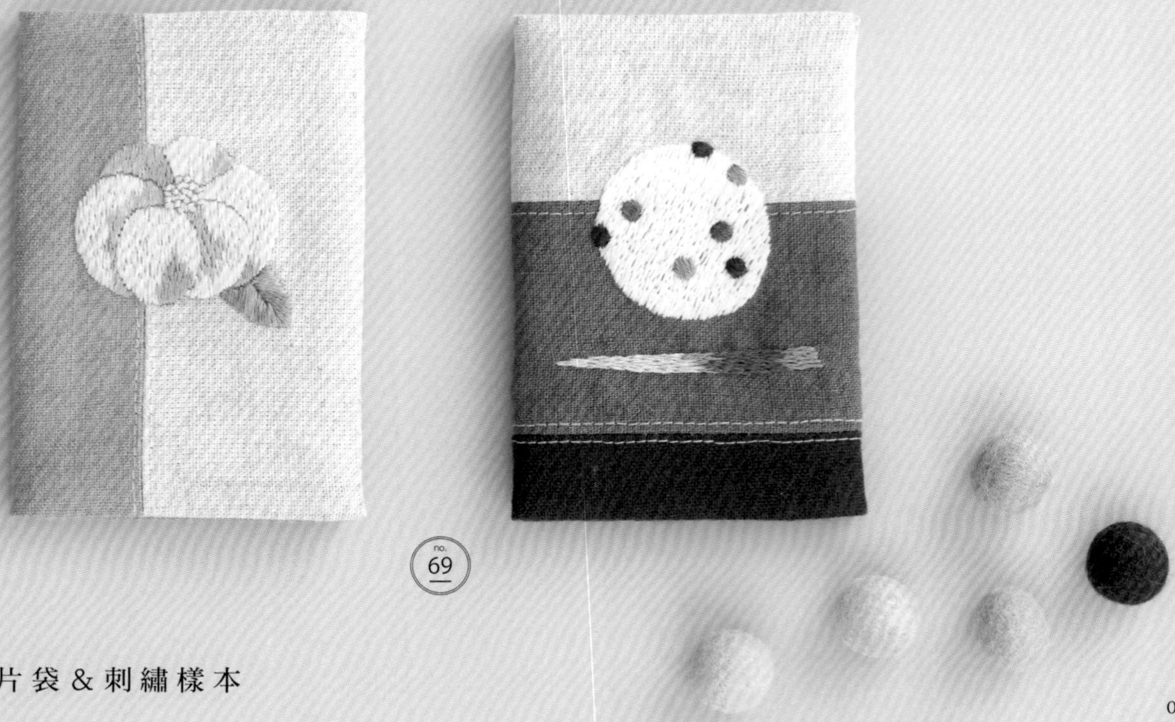

和菓子卡片袋＆刺繡樣本

早川靖子

蓬鬆柔軟的山茶花和菓子與紅豆大福。背景布選擇和風色彩以相呼應。
請以中意的圖案動手作作看。

how to make → 69＝P.101
原寸紙型 → 69＝P.101　70＝P.111

刺繡基礎

介紹關於線、針、好用工具、刺繡前的準備及線的收尾等相關知識，最好先牢記。

繡線

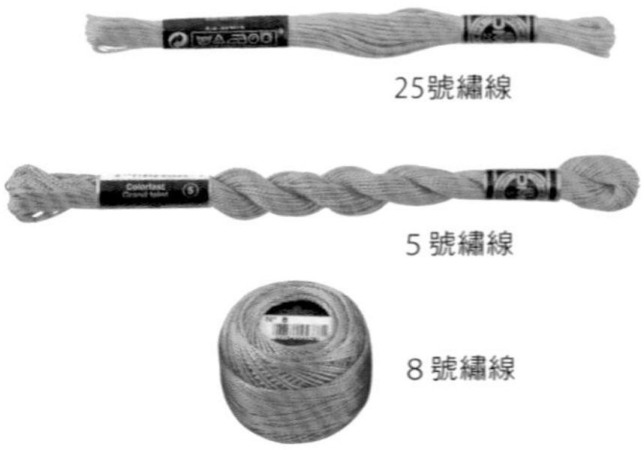

25號繡線

5號繡線

8號繡線

刺繡上最常用到的是25號繡線。包裝時每條是由6股細木棉線撚成，使用時再根據布的厚薄、圖案與繡法抽出所需股數重新整理。25號繡線1束長約8m，5號繡線1束約25m，8號繡線1卷（10g）約80m，後兩者都比25號繡線（1股）粗，即使只以1股線刺繡仍不失存在感。

繡線粗細不同

數字愈大的愈細，數字愈小的愈粗。

25號繡線・6股

25號繡線・1股

8號繡線・1股

5號繡線・1股

（照片為原寸）

繡線種類

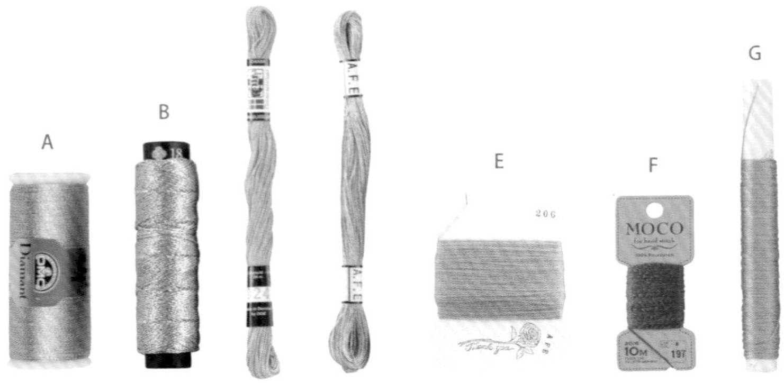

A　B　C　D　E　F　G

- A　DMC Diamant…方便使用的線軸式金屬繡線。色號的前面會標記D字。
- B　COSMO にしきいと（nishikiito）…閃耀強烈光澤又好繡的金蔥線。
- C　OOE 花線…啞光繡線。1股約等同25號繡線2股的粗細。
- D　AFE亞麻繡線…100%純麻，1股約等同25號繡線2股的粗細。
- E　AFE羊毛繡線…100%純羊毛，享有蓬鬆質感。
- F　FUJIX MOCO…100%聚酯纖維，色澤鮮艷，漸層色也很齊全。
- G　FUJIX Soie et…擁有細緻的絹絲光澤與觸感。約為25號繡線3股的粗細（3股可分開使用）。

25號繡線的處理方式

一股一股地抽出，重新整理成所需股數刺繡，針腳看起來整齊漂亮。

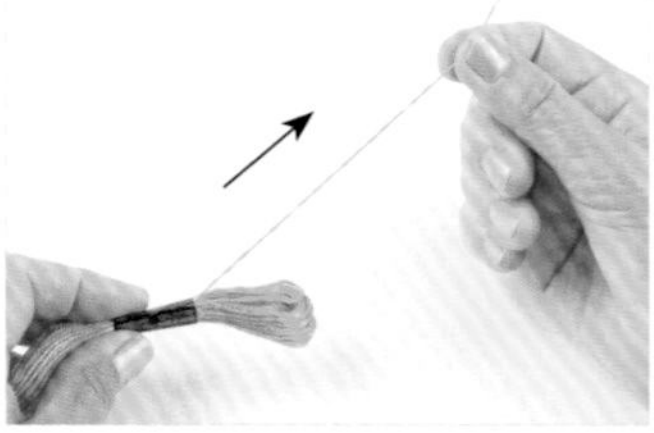

1 壓住標籤，抓住撚成6股的線端快速抽出。

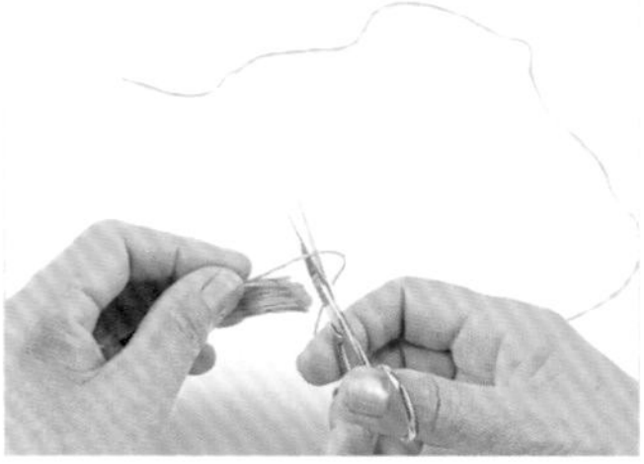

2 剪成容易繡縫的長度（約50cm）。注意，線留太長，刺繡時易起毛球。

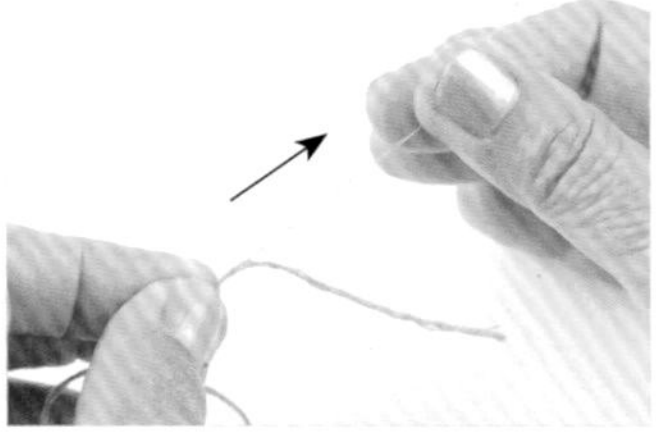

3 小心不要讓線纏在一起，由剪斷的一端，一根根地抽出細線。

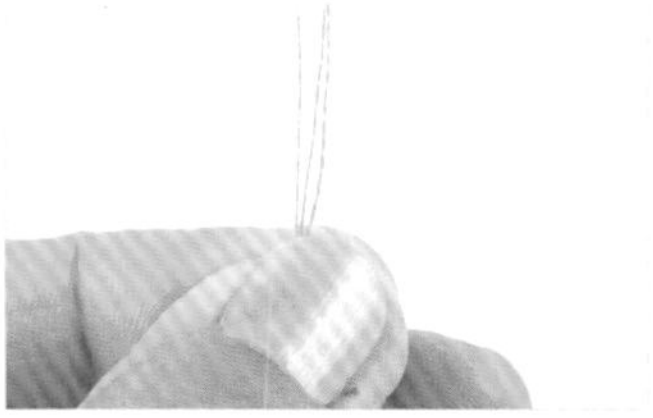

4 抽出所需股數後，抓齊線端進行整理（3股就是3條線）。即使使用6股，也要一根根抽出重整。

繡針

（照片為原寸）

歐洲刺繡使用易穿線的大針孔，針尖呈圓形的繡針（法國刺繡針）。
依據布的厚薄、線的粗細（股數）與繡法選擇適合的繡針。

繡線股數對應法國刺繡針號數的參考基準

粗／長 ←――― 針的粗細・長短 ―――→ 細／短								
法國刺繡針（長度）	No.3 44.5mm	No.4 42.9mm	No.5 41.3mm	No.6 39.7mm	No.7 38.1mm	No.8 36.5mm	No.9 34.9mm	No.10 33.3mm
25號繡線股數	6股以上	5至6股	4至5股	3至4股	2至3股	1至2股	1股	1股

表中的號數與原寸照片為CLOVER（株）的規格。品牌不同，名稱與號數會有所差異，原寸圖片僅供參考。

法國繡針
No.3至6

法國繡針
No.7至10

No.3
No.4
No.5
No.6
No.7
No.8
No.9
No.10

繡線的穿線法

抓齊數股線，一次穿進去。

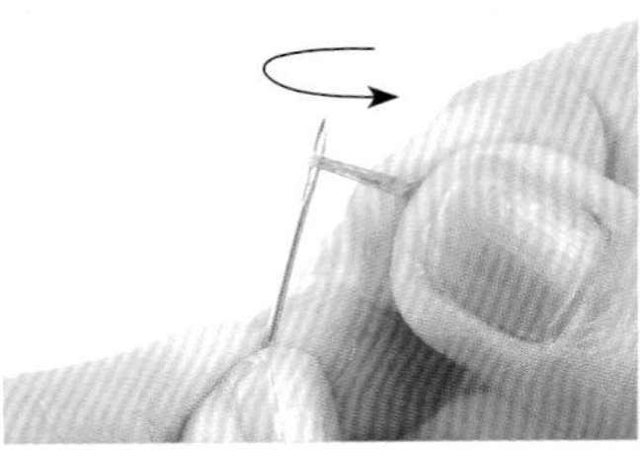

1 將線掛在針頭側面摺兩褶。

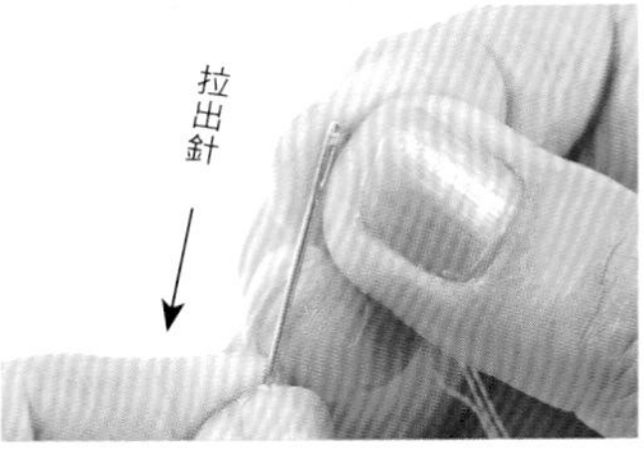

2 手指夾住針孔部分將線壓扁，另一手將針向下拉出。

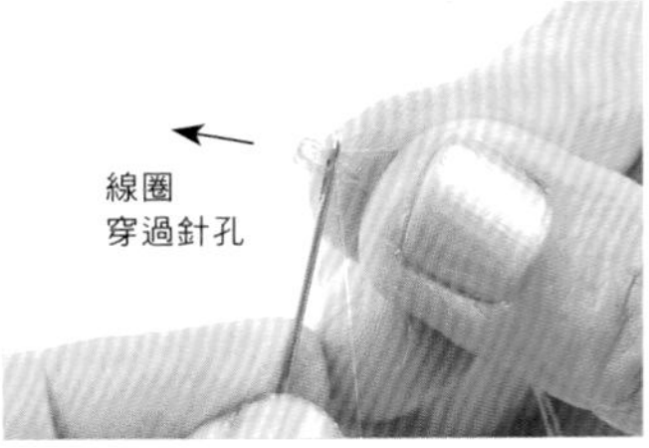

3 手指夾緊對摺壓扁的線，直接穿入針孔。

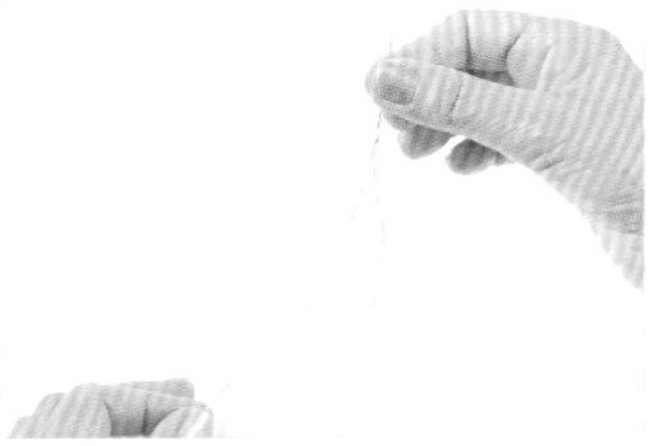

4 拉出穿過針孔的線圈。

便利工具！

刺繡穿線器
（CLOVER）
繡線專用的
便利穿線工具

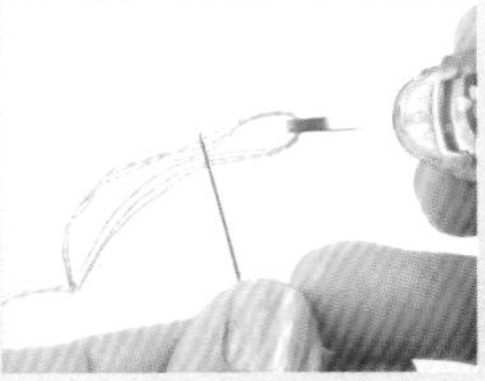

繡線縱向平放，可順利穿入針孔。穿線器的穿針部分是平板狀，操作容易。

開始與結束的線頭處理

線頭處理是漂亮刺繡的訣竅之一。好好處理線頭，背面也不顯凌亂。

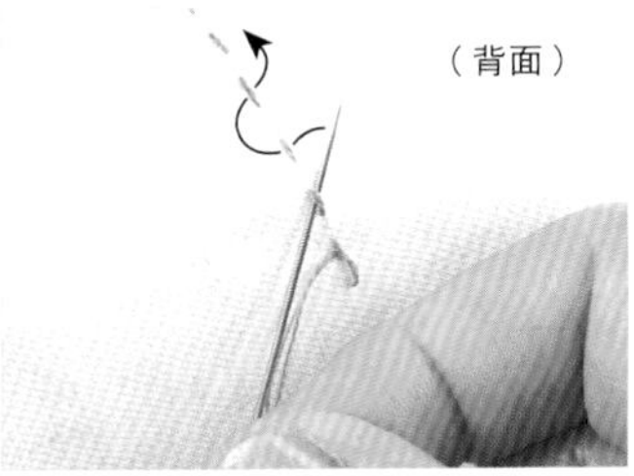

1 刺繡完畢時從布的背面出針，挑縫背面渡線的針腳，將繡線穿入。

2 稍微將線拉直，再貼著布剪斷線。始繡處的線頭也穿入針進行同樣的處理。

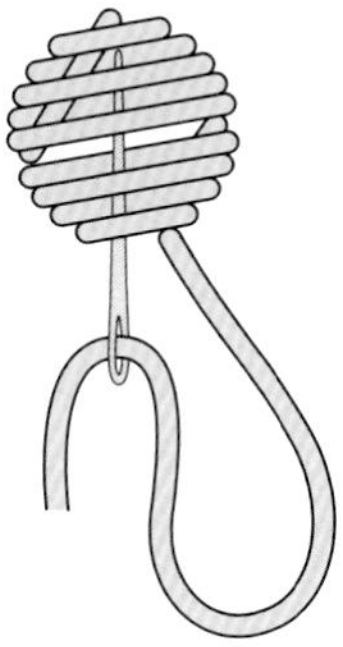

背面針腳橫向渡線時，也是挑縫針腳穿入。

刺繡工具

＊記號代表CLOVER商品

描圖紙&鉛筆
用於描繪原寸圖案。

手藝用複寫紙與玻璃紙
用於將圖案描至布上。單面有墨水，水一噴，記號即消失，方便好用。
（＊CLOVER單面複寫紙）

鐵筆〈雙頭〉 ＊
用於在玻璃紙上描圖，粗・細分開使用，很方便。

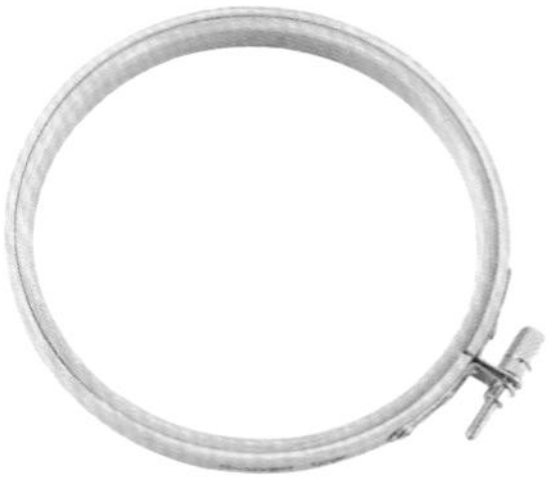

繡框 ＊
將布繃緊以進行刺繡。
用法參考P.63。

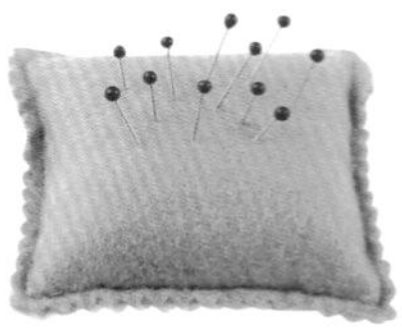

珠針 ＊
於布上描繪圖案時用來固定，防止位置偏移。

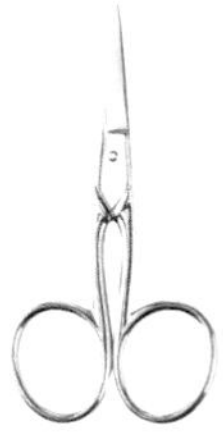

線用剪刀 ＊
刀刃前端尖細，鋒利好用。

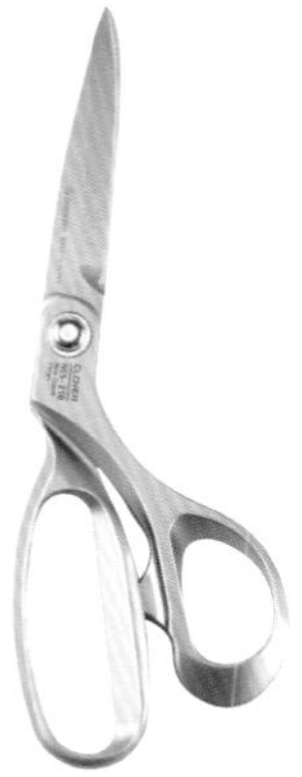

布用剪刀 ＊
裁布專用，務必和剪紙的分開使用。

描繪圖案的方法

先以描圖紙描好圖案，接著置於正面朝上的布上，以珠針稍作固定。中間夾入顏色面朝下的複寫紙，再以鐵筆描圖。為避免直接描圖會將圖案弄破，可於最上面放張玻璃紙再作業。

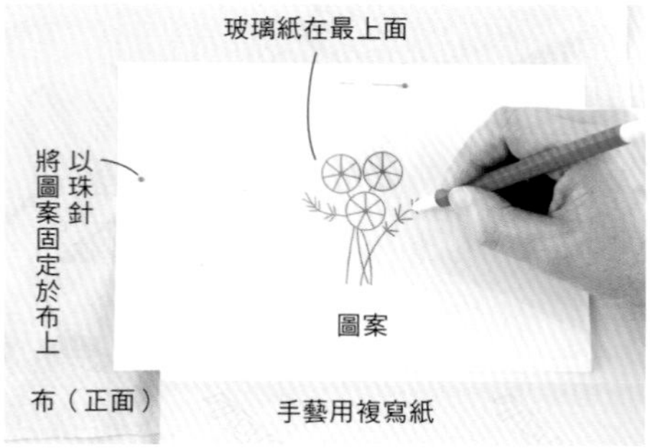

描繪圖案的訣竅

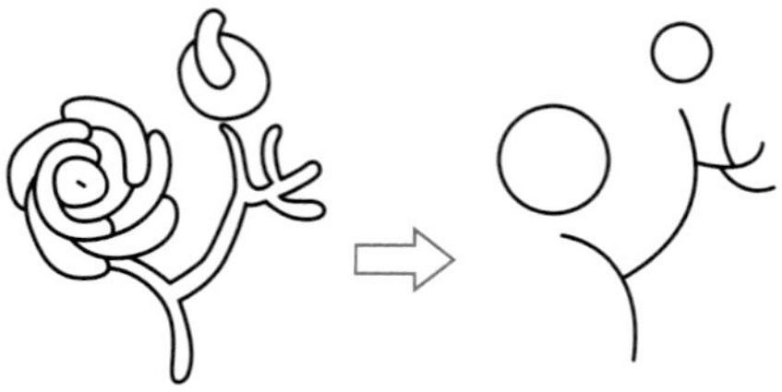

在布上所作的記號愈少愈好，不弄髒布才能繡得工整漂亮。細部圖案可跳過，
儘量簡略描繪，避免露出線條或殘留痕跡。

本書圖案記號的意義 ※○內的數字為繡線股數

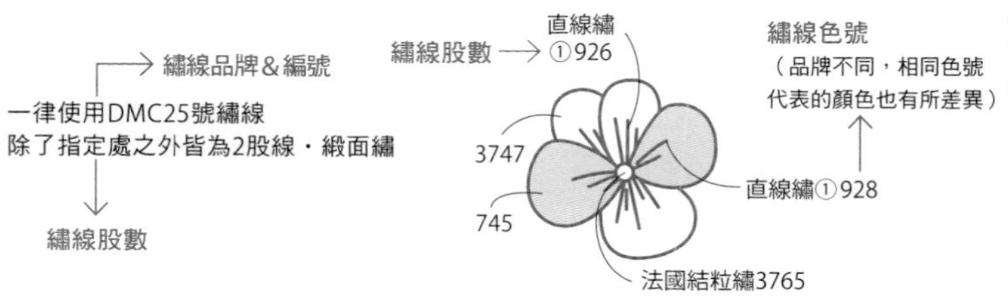

繡框的用法

當繡框內的布在刺繡過程中逐漸鬆掉，就需要將布重新繃緊。

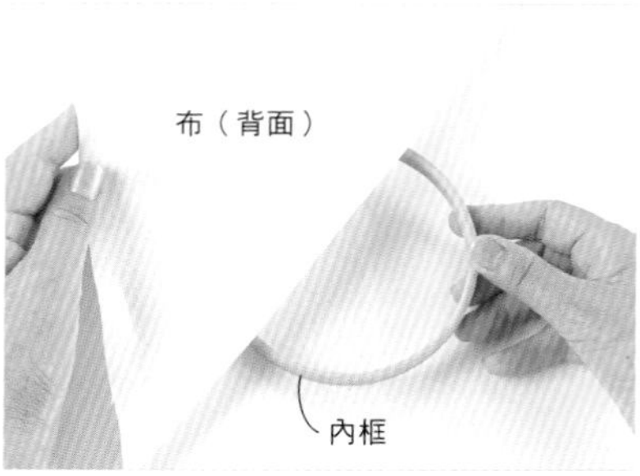

1 鬆開外框的螺絲，取下內框，將布（尺寸大於繡框）放在內框上。

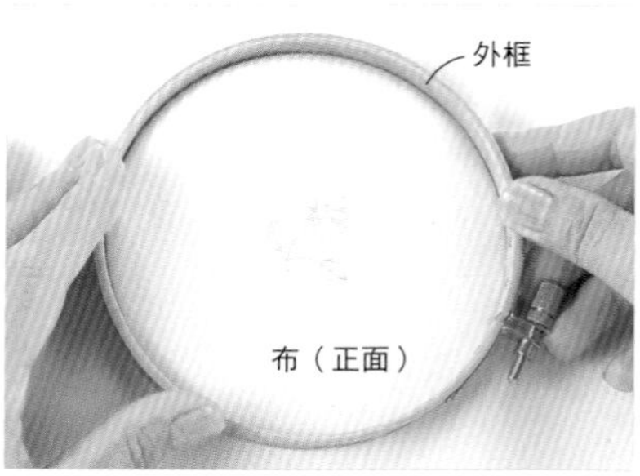

2 圖案置中，從布的上方將外框套入內框。

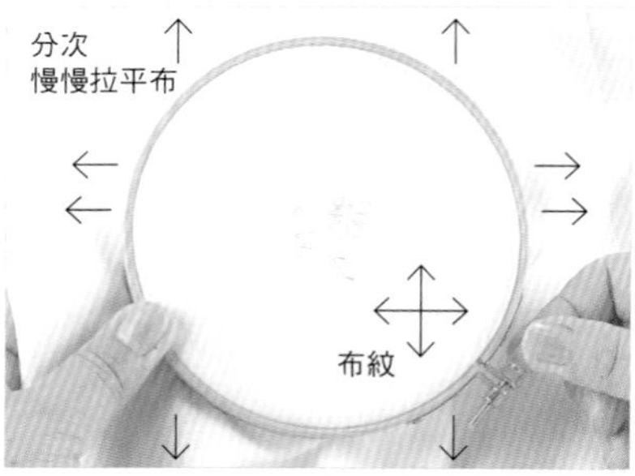

3 從不同位置將布拉平，並整理好直紋・橫紋後，栓緊螺絲。布緊繃時的樣子。

不以繡框刺繡時……

以左手的手指夾住布，
將刺繡位置的布拉撐。

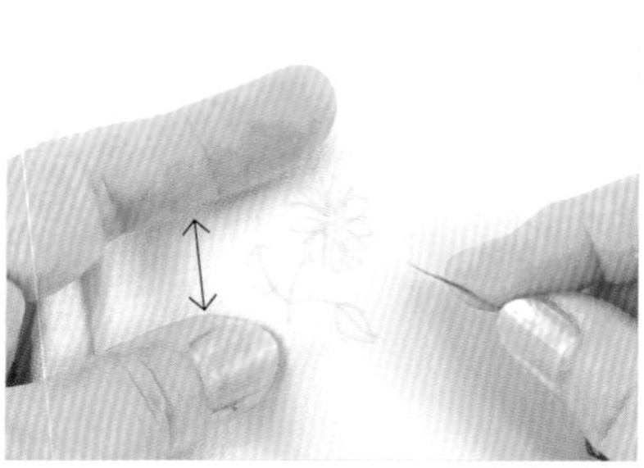

刺繡後的清潔作業

當布上仍殘留描圖記號就以熨斗整燙，記號可能就無法消除。

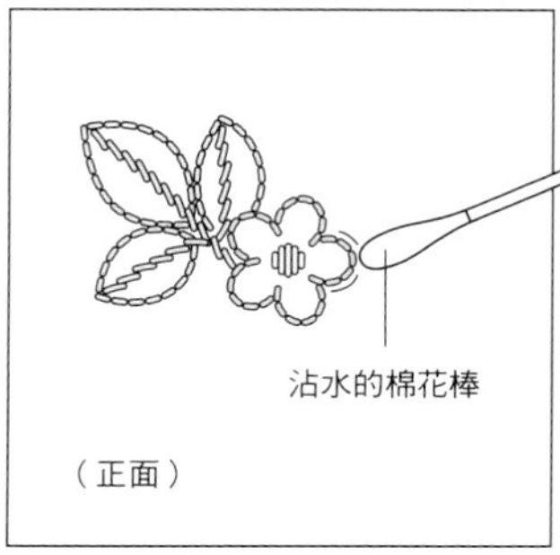

清除布上的記號

等全部刺繡完畢，以沾水的棉花棒輕輕將記號擦拭掉。也可以噴霧器噴上水。

整燙方法

為了不破壞刺繡的針腳，可墊上摺疊的毛巾等。從背面整燙繡好的布，燙時不要用力按壓熨斗，輕輕在布上滑動即可。

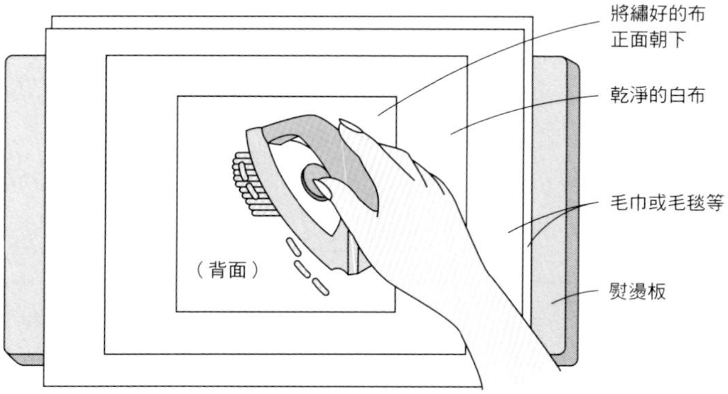

基本繡法

圖案中○內的數字代表繡線股數

輪廓繡
Outline Stitch

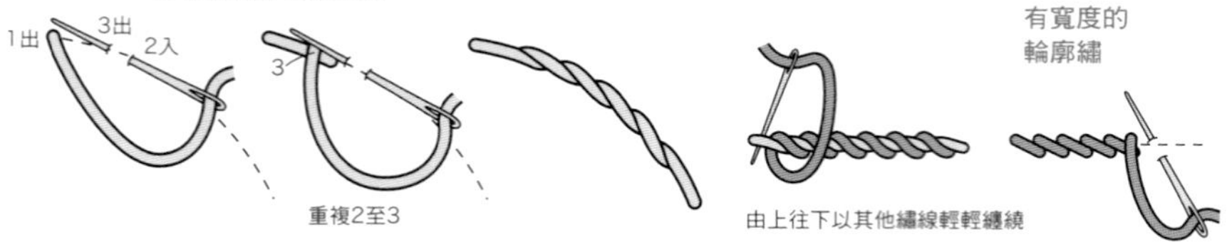

葡萄牙莖繡
Portugal Knot Outline Stitch

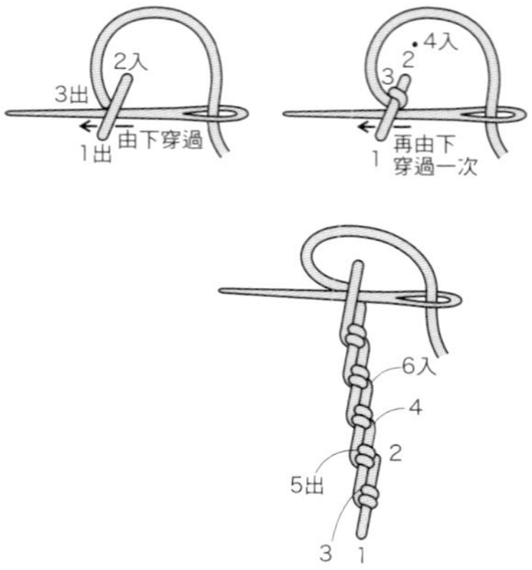

十字繡
Cross Stitch

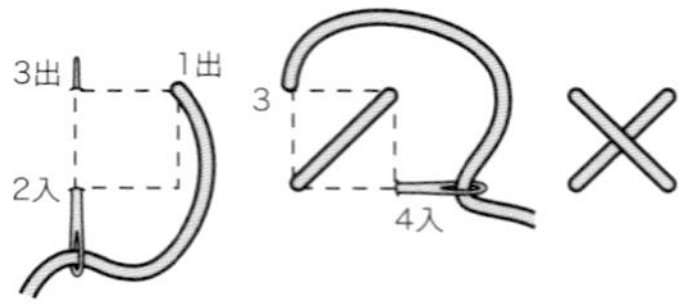

雙重十字繡
Double Cross Stitch

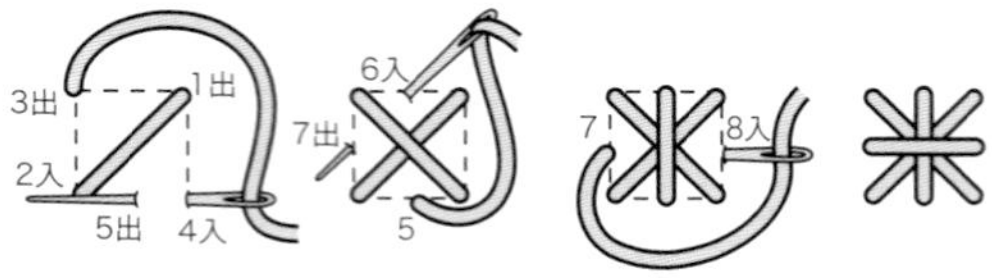

纜繩繡
Cable Stitch

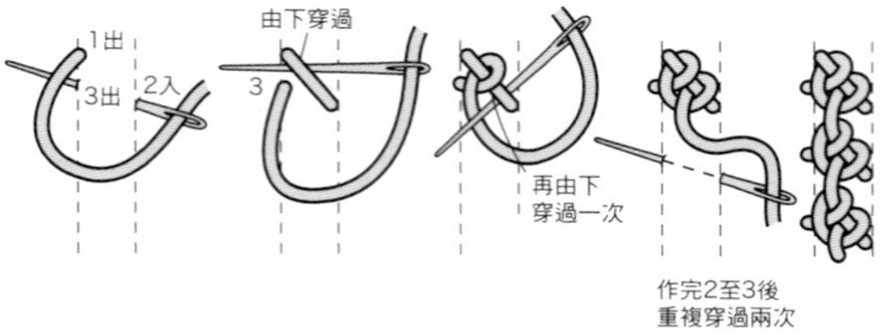

鋼索繡
Cable Chain Stitch

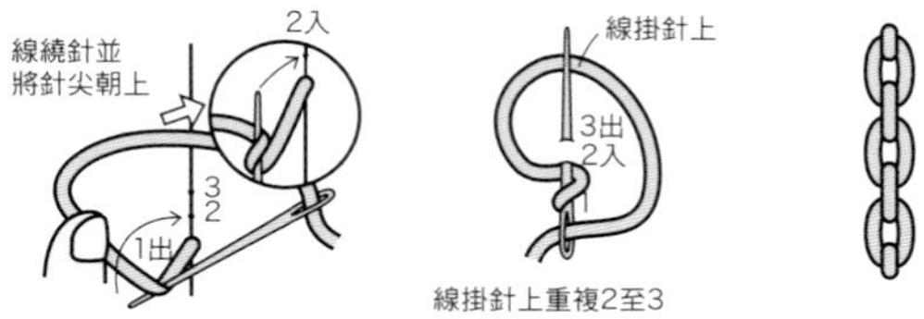

釘線繡
Couching Stitch

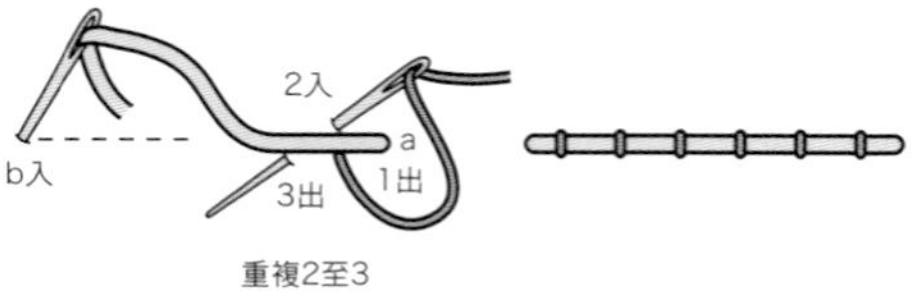

珊瑚繡
Coral Stitch

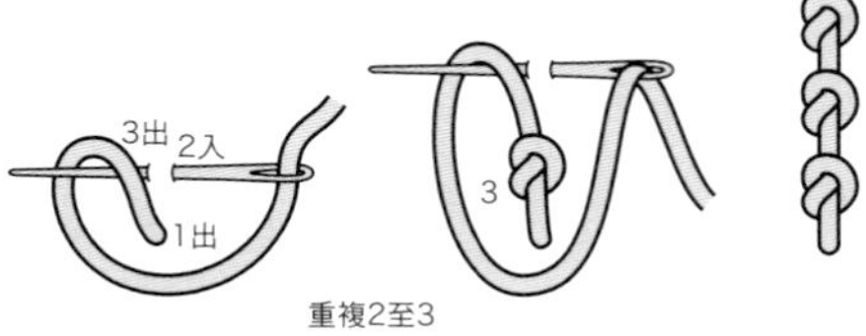

8字結粒繡
Colonial Knot Stitch

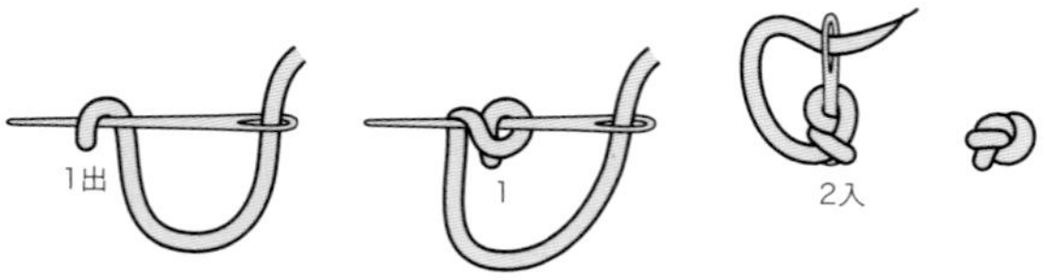

緞面繡
Satin Stitch

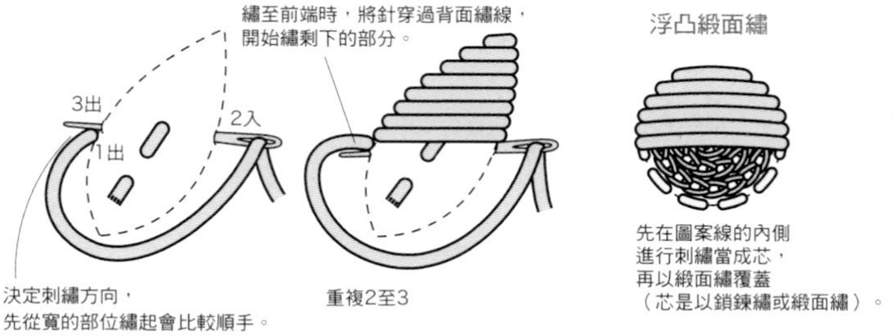

山形繡
Chevron Stitch

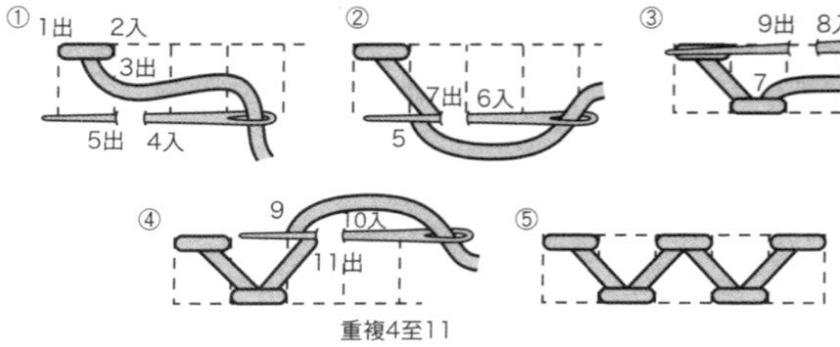

德國結粒繡
German Knot Stitch

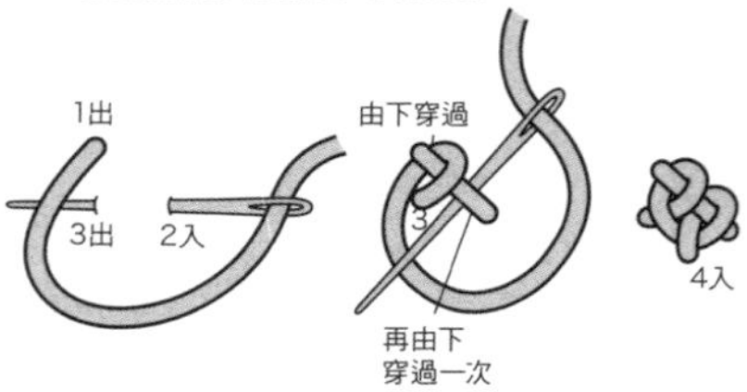

直線繡
Straight Stitch

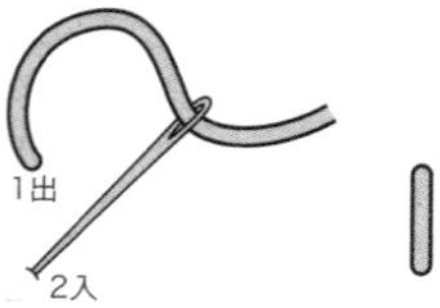

蛛網繡
Spider Web Stitch

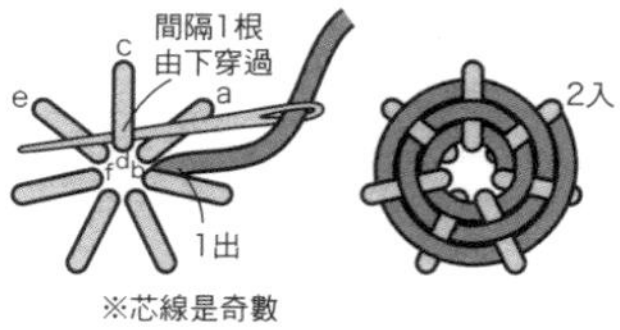

裂線繡（使用兩股線時）
Sprit Stitch

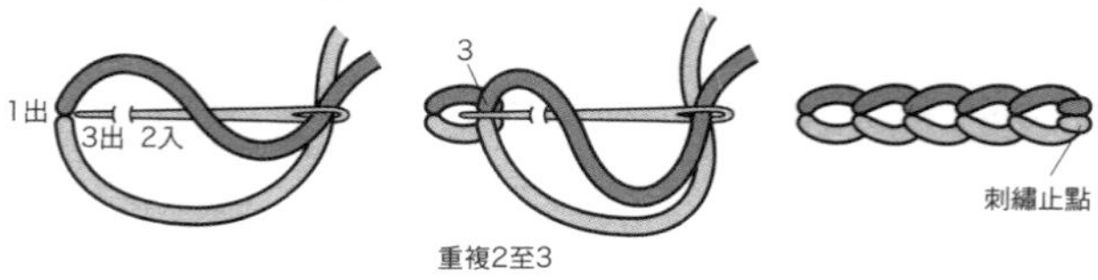

鎖鍊繡
Chain Stitch

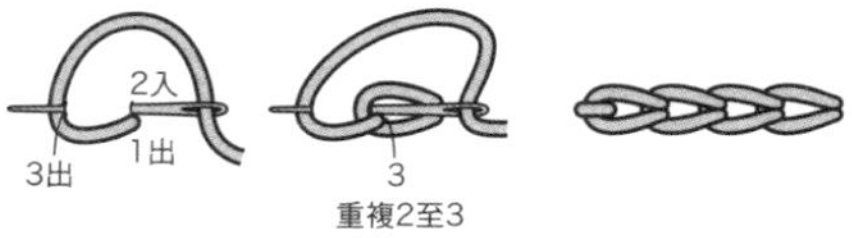

繞線鎖鍊繡

鋸齒鎖鍊繡

扭轉鎖鍊繡
Twisted Chain Stitch

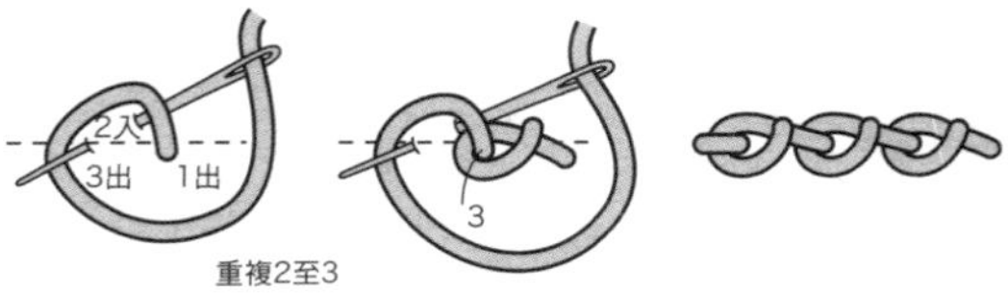

扭轉鎖繡

開口鎖鍊繡
Open Chain Stitch

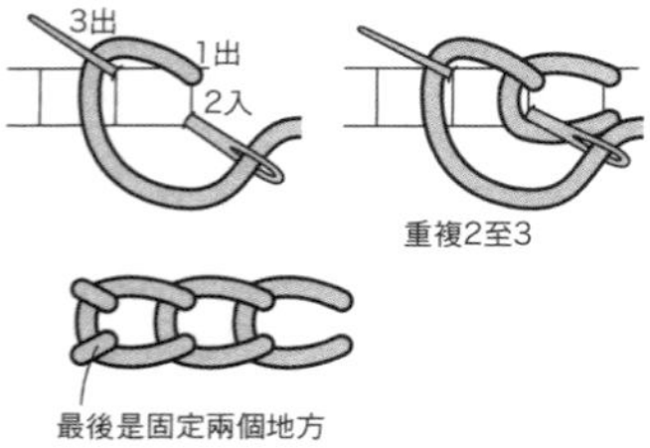

籃網填滿繡
Basket Filling

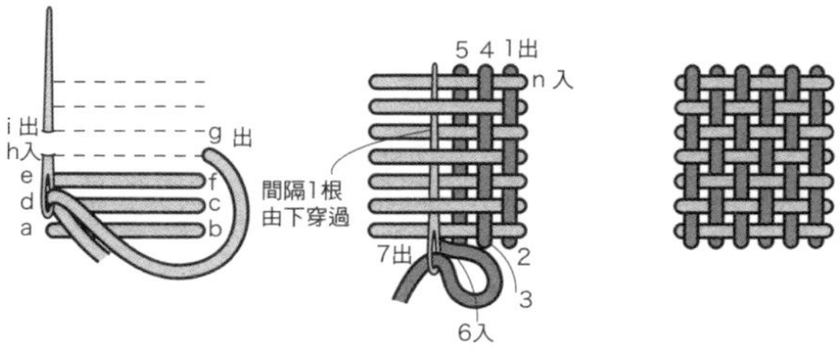

回針繡
Back Stitch

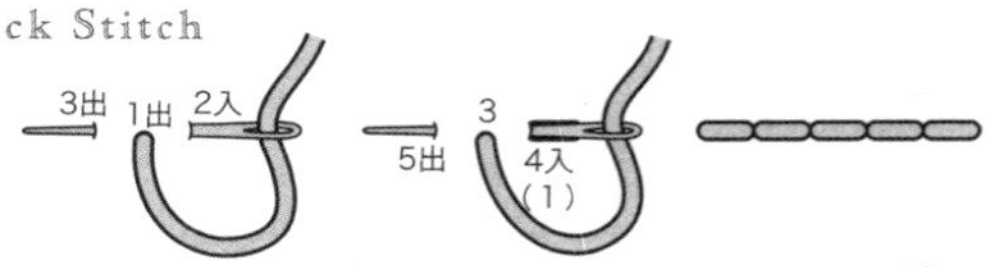

穿線
回針繡

繞線
回針繡

捲線繡
Bullion Stitch

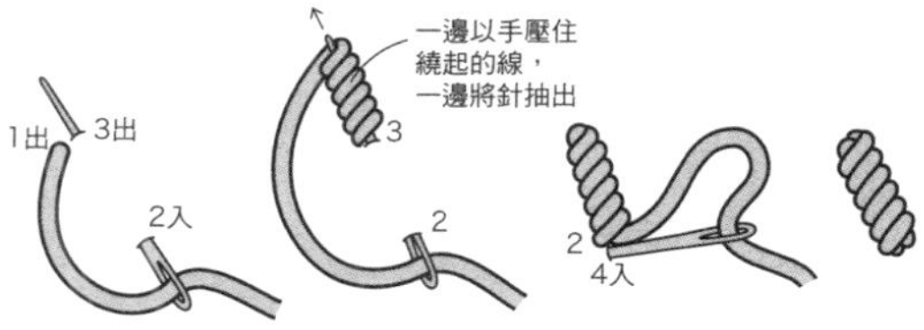

捲線玫瑰繡

捲線雛菊繡

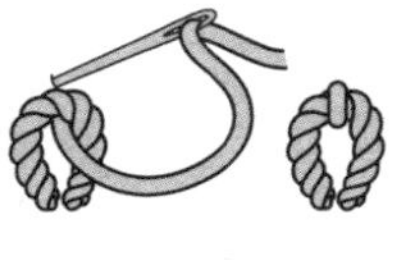

捆線繡
Bundle Stitch

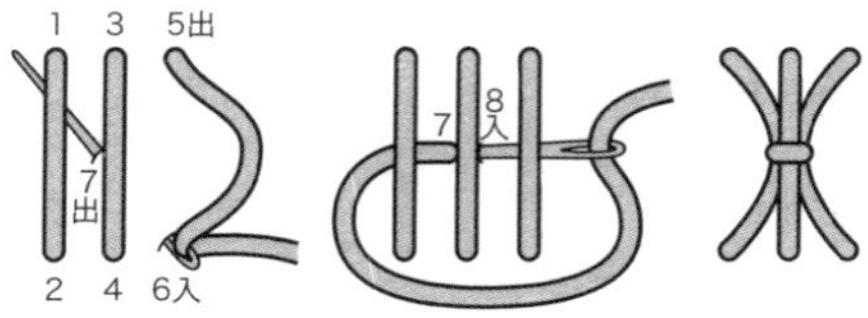

魚骨繡
Fishbone Stitch

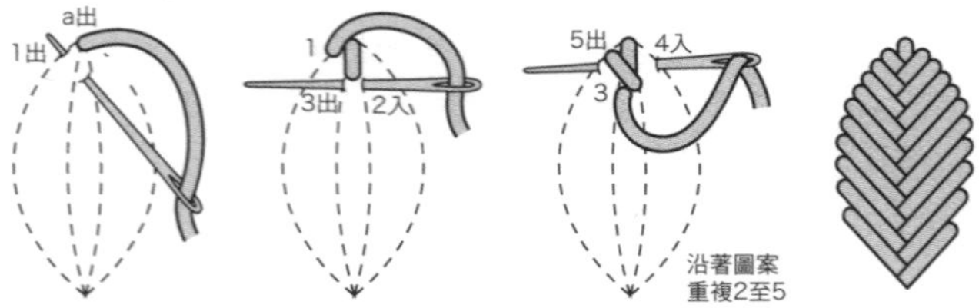

立體魚骨繡
Raised Fishbone Stitch

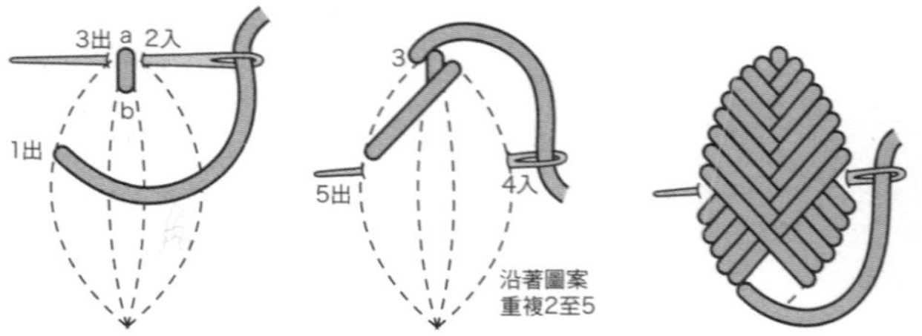

羽毛繡
Feather Stitch

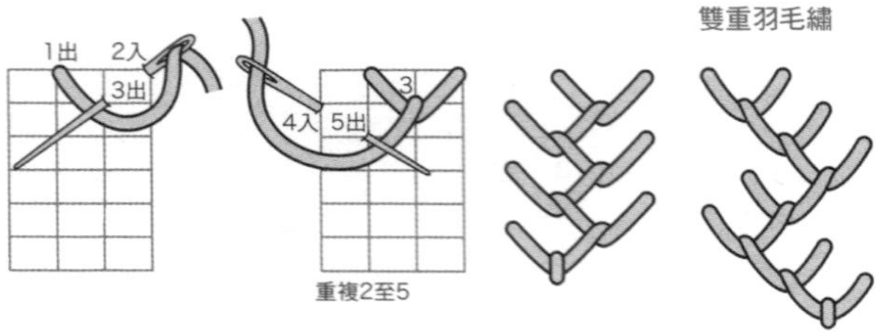

肋骨蛛網繡
Wheel Stitch

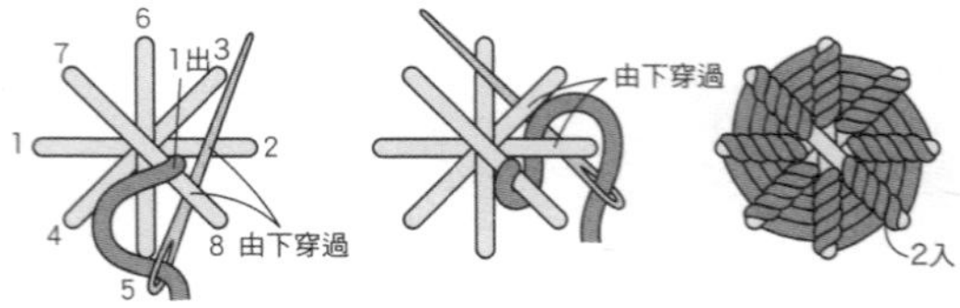

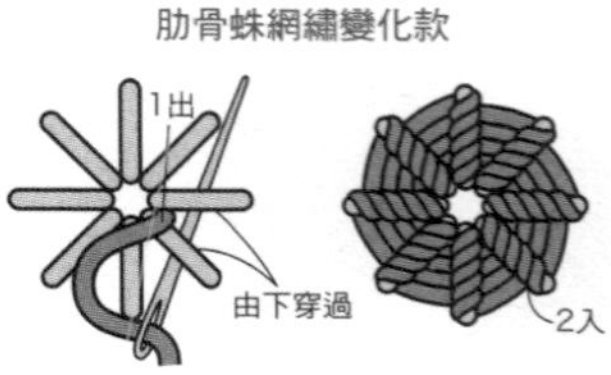

飛鳥繡
Fly Stitch

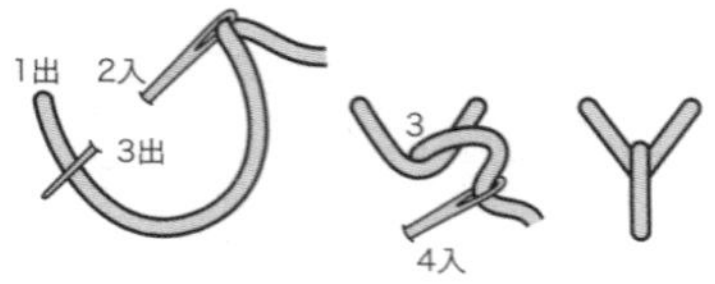

法國結粒繡
French Knot Stitch

※書中若未特別指定皆繞2圈

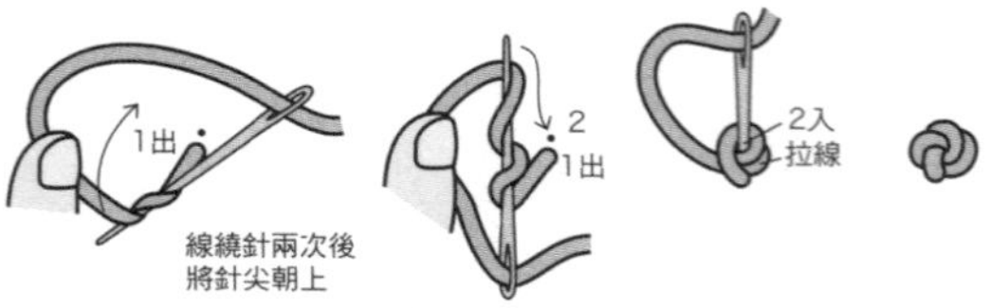

人字繡
Herringbone Stitch

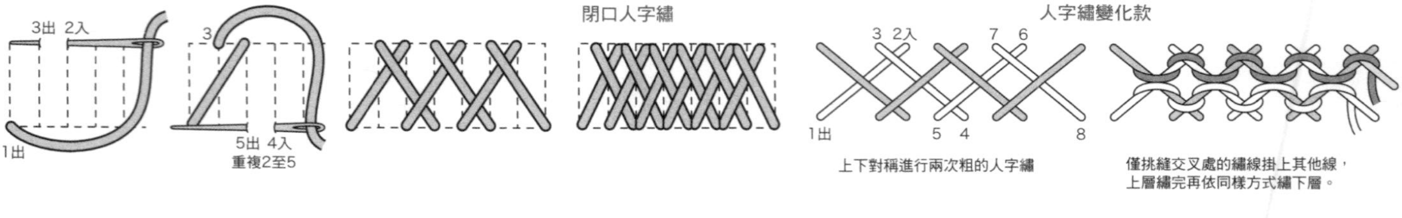

釦眼繡（毛邊繡）
Buttonhole Stitch（Blanket Stitch）

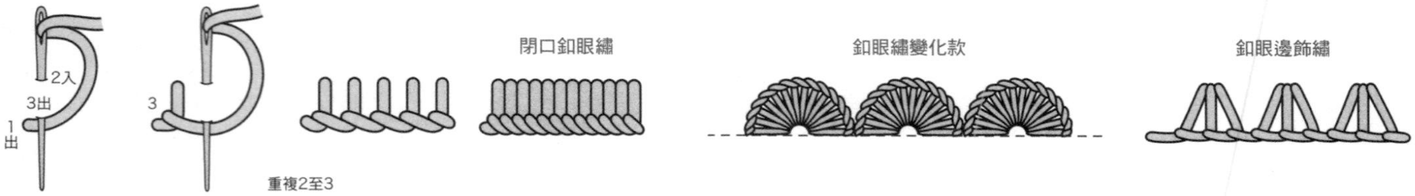

雙面繡
Holbein Stitch

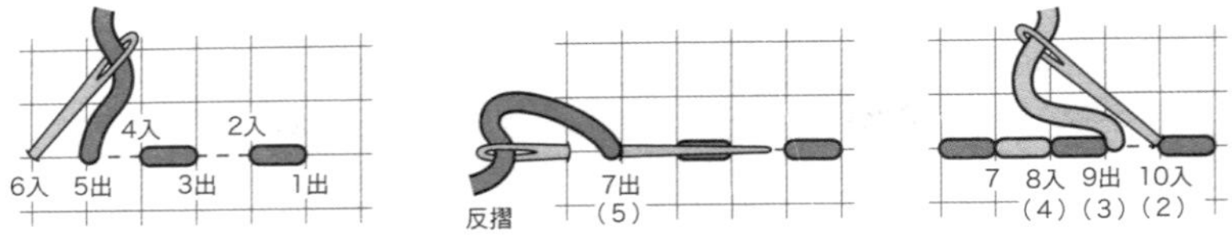

平針繡
Running Stitch

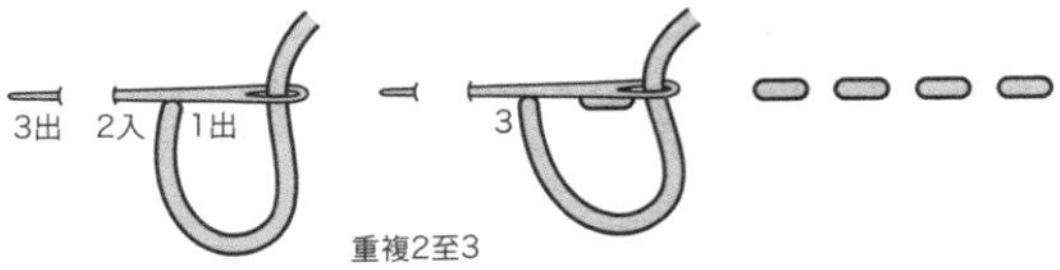

繞線平針繡

穿線平針繡

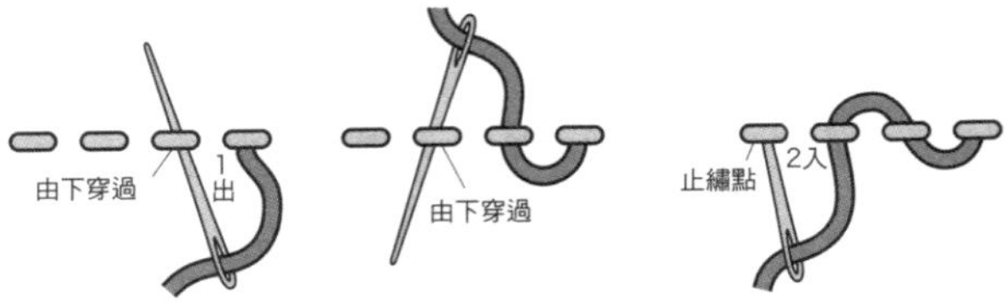

穿線平針繡的應用

葉形繡
Leaf Stitch

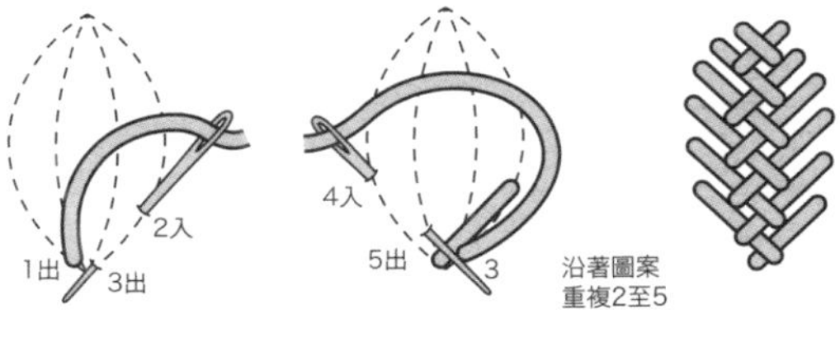

雛菊繡
Lazy Daisy Stitch

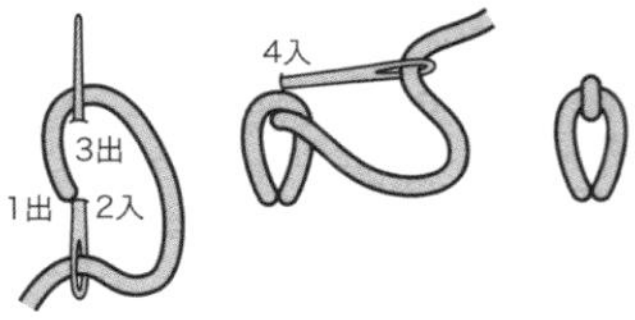

雙重雛菊繡

雛菊繡的應用

扭轉雛菊繡

立體莖繡
Raised Stem Stitch

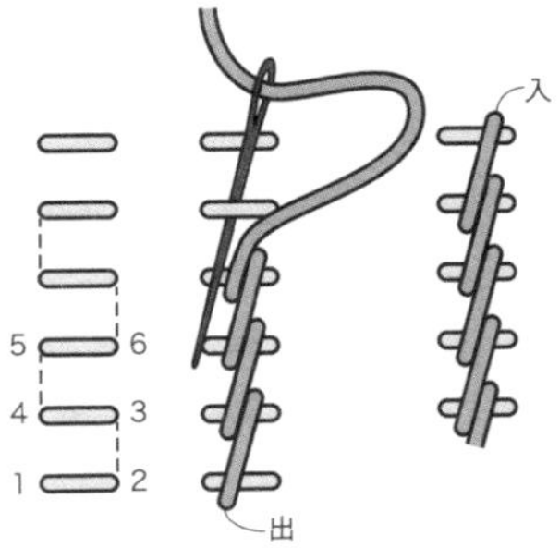

長短針繡
Long & Short Stitch

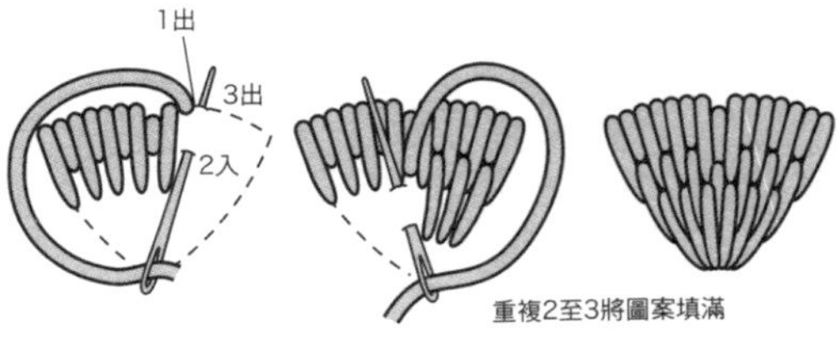

no. 01 至 no. 04

P.004・P.005

口金包

材料（1件的用量）

原色布40×20cm、白色棉布40×20cm、接著襯40×20cm、6.8×10.5cm口金（INAZUMA BK-1072・附紙繩）1組、DMC25號繡線各色適量

作法

1 在本體用布的背面燙貼接著襯，並於前側進行刺繡。

2 兩片本體（前側與後側）正面相對疊合，從止縫點車縫至另一個止縫點。

3 在步驟2縫份上剪牙口後燙開縫份，再翻至正面整熨。

4 依本體的作法縫製裡袋，但不燙貼接著襯。

5 本體與裡袋背面相對疊合，將兩脇邊止縫點的縫份貼合，車縫袋口部分。

6 安裝口金。

★ 原寸圖案 → 作品圖案Ⓑ面

本體（裡袋同尺寸・各2片）

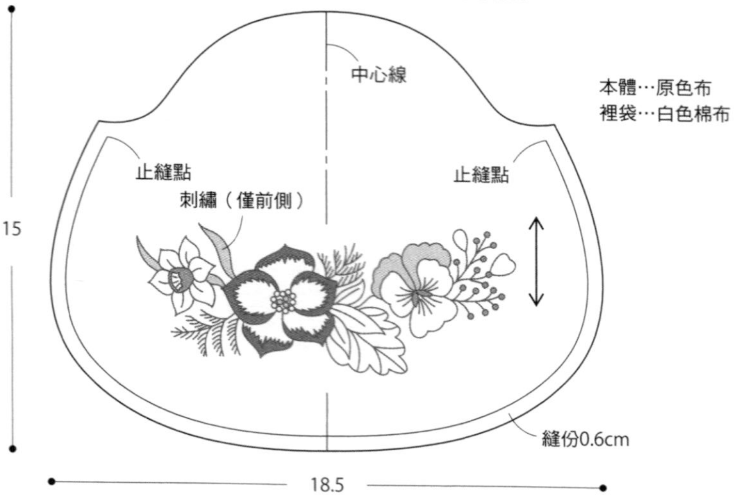

製作本體

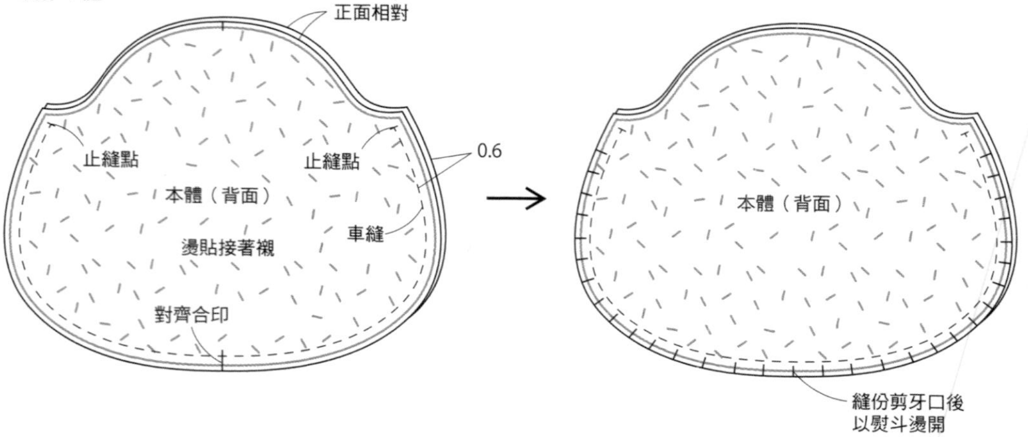

翻至正面整燙

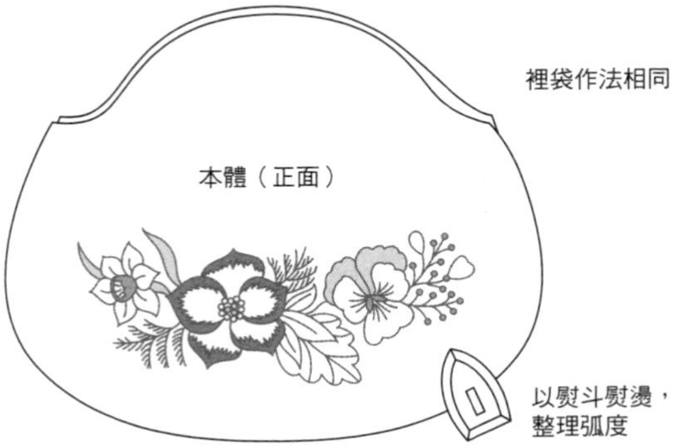

本體&裡袋背面相對疊合

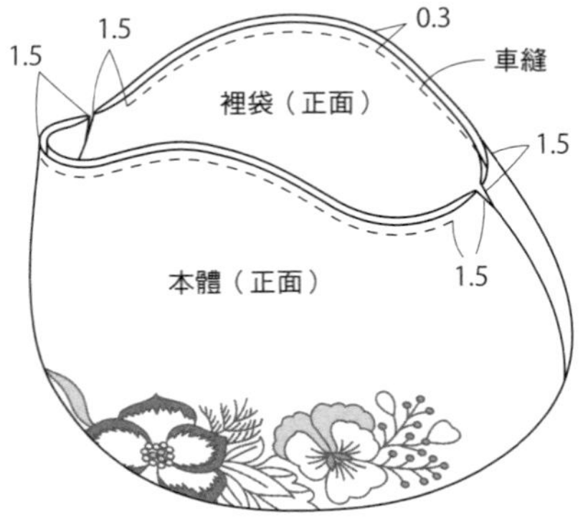

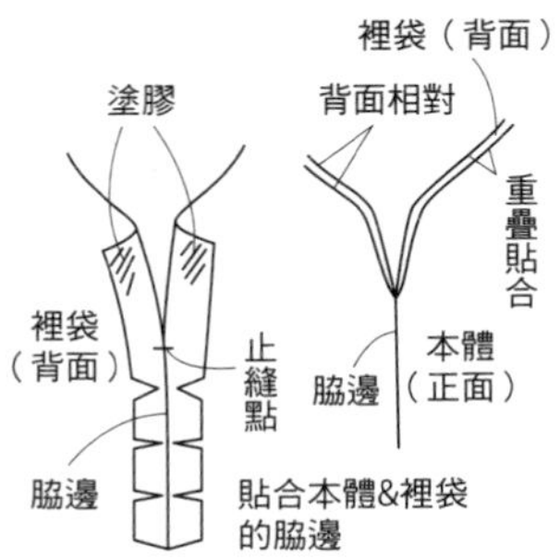

安裝口金

①在口金的溝槽塗膠。

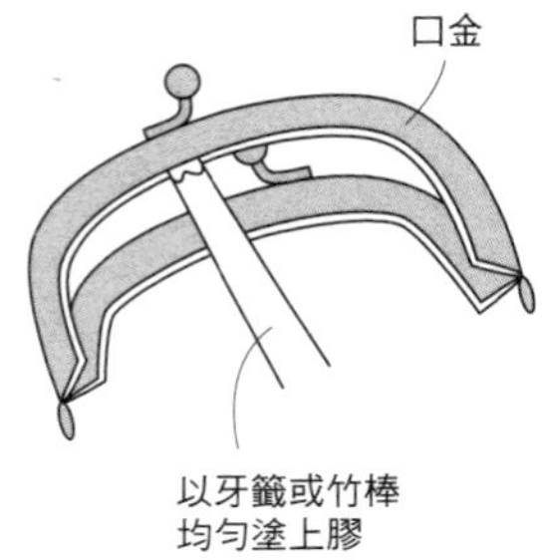

②將本體中心對齊口金中心插入。

③在空隙間
塞人紙繩。

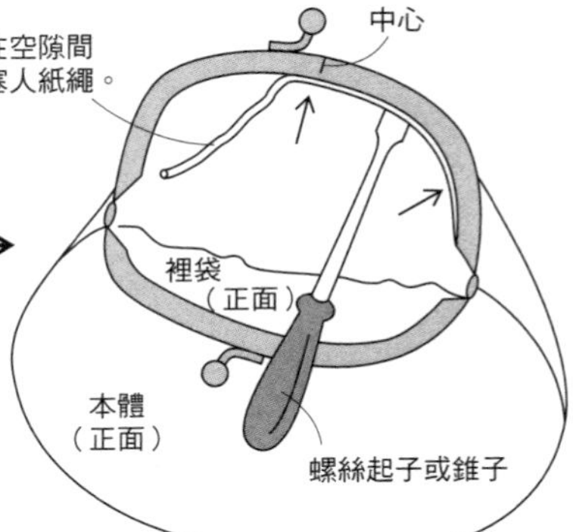

④以鉗子將口金末端
夾緊固定。

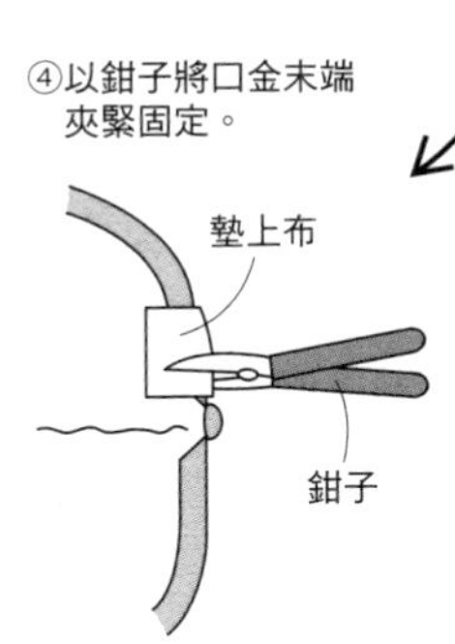

完成圖

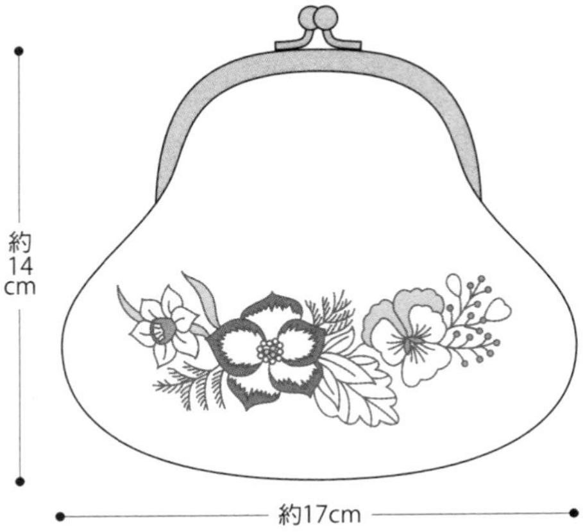

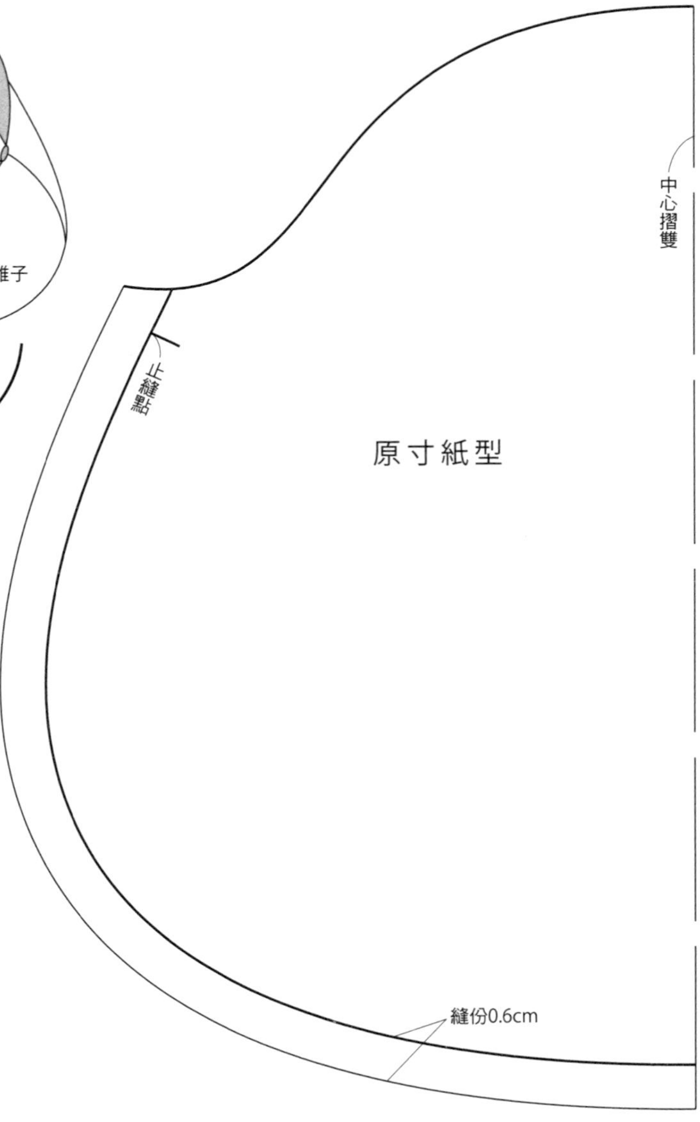

no. 05

P.006

迷你框飾

材料（1件的用量）
白色亞麻布10×10cm、水藍色棉麻布10×20cm、鋪棉10×10cm、厚紙10×15cm、FUJIX Soie et繡線各色適量

作法
1 於白色亞麻布進行刺繡。
2 布框底襯的厚紙貼上鋪棉，再將中間剪切口的表布貼至鋪棉上，製作布框。
3 本體底襯的厚紙貼上表布，製作本體。
4 本體與外框背面相對疊合，中間夾進步驟1後貼合。

刺繡布 ※一律為原寸裁剪

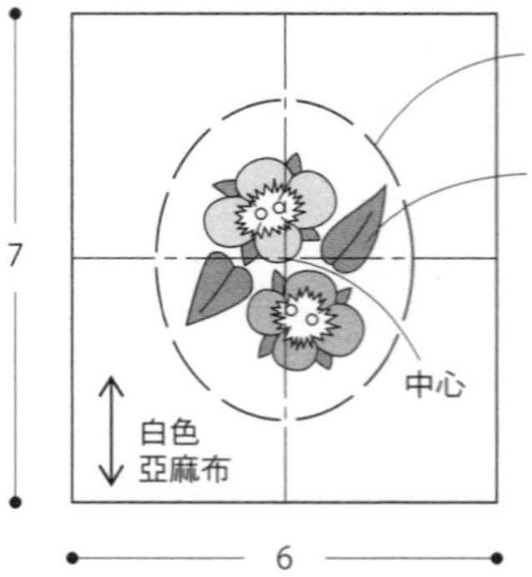

布框底襯
厚紙・鋪棉各1片

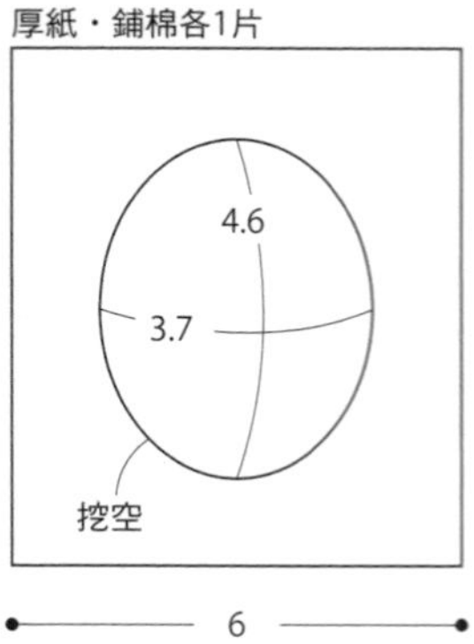

本體底襯
厚紙

布框・本體表布（各1片）

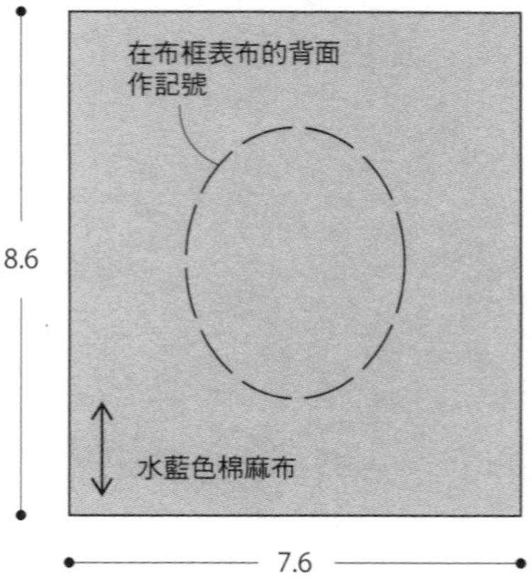

原寸圖案

一律為FUJIX Soie et繡線　除了指定處之外皆為3股線

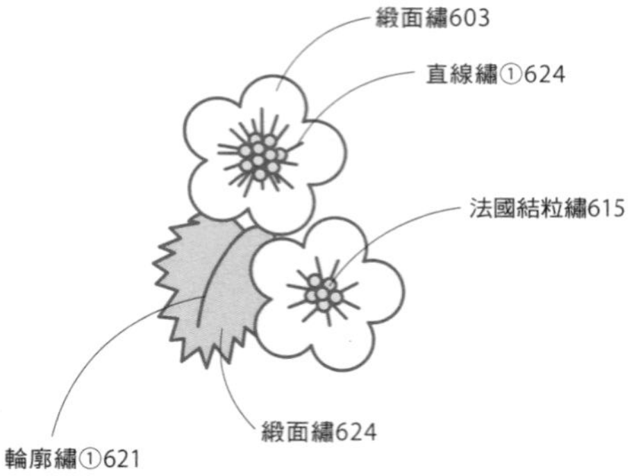

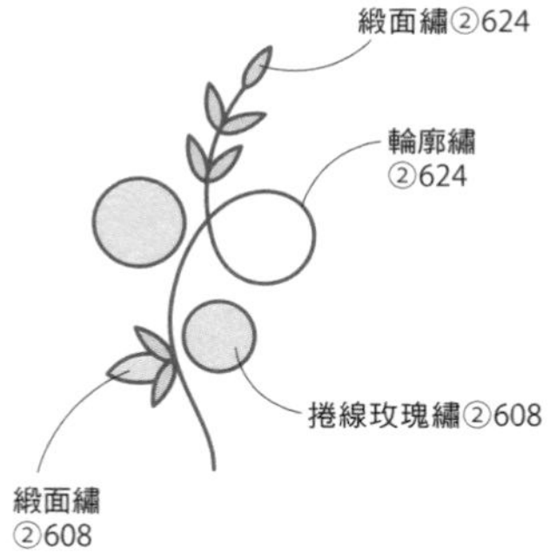

製作本體

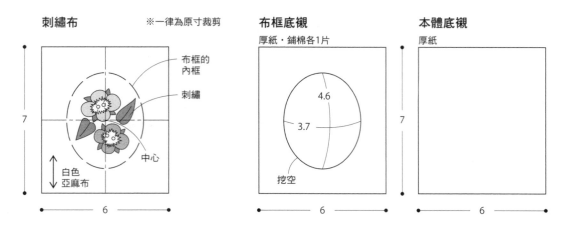

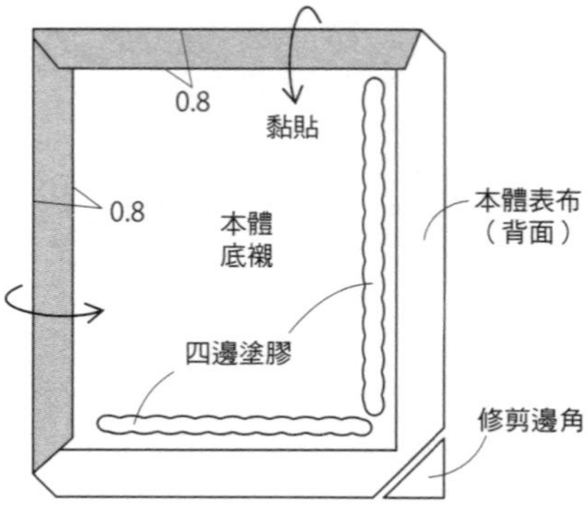

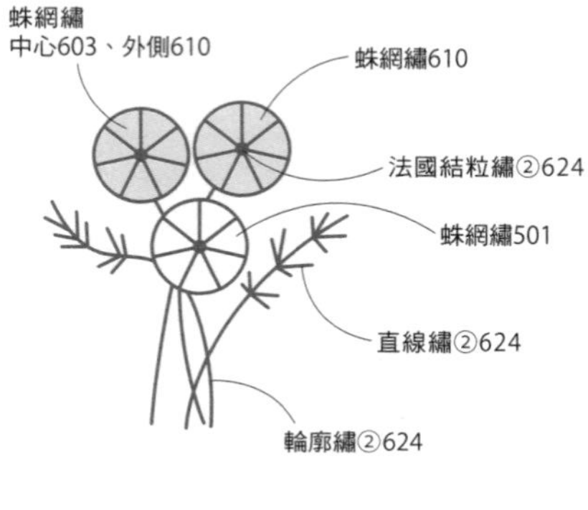

製作布框
將鋪棉輕輕貼至
厚紙上
布框底襯
厚紙　黏膠
鋪棉
剪刀插入中心點，
放射狀的剪切口
約留0.2cm
布框表布（背面）
在橢圓的
旁邊塗膠
輕輕拉起貼在厚紙上
鋪棉
布框底襯的厚紙
布框表布（背面）
四邊黏貼固定
輕輕施力拉平黏貼
布框表布（背面）
修剪邊角
四邊塗膠
夾入刺繡布，
布框與本體背面相對貼合
布框（正面）
本體（背面）
繡好的布整個裁小
刺繡布（正面）
完成圖
7
6
布框底襯　原寸紙型
原寸圖案
一律為FUJIX Soie et繡線
除了指定處之外皆為3股
直線繡615
直線繡①644
緞面繡②621
雛菊繡502
雛菊繡501
捲線繡501
捲線繡502
輪廓繡621
繞線輪廓繡②621
緞面繡624
輪廓繡②624
直線繡②517
緞面繡603
緞面繡624
緞面繡627
緞面繡517
法國結粒繡②517

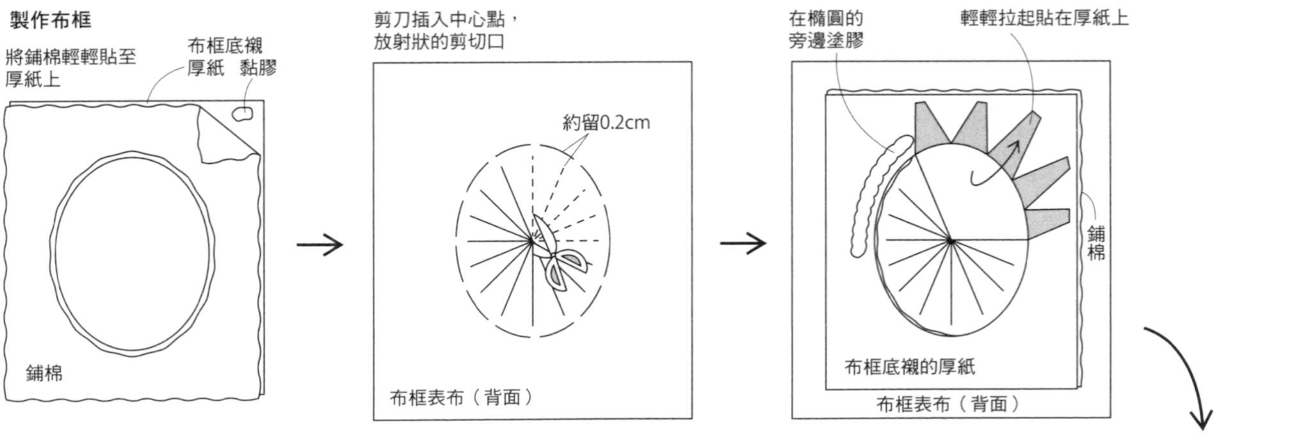

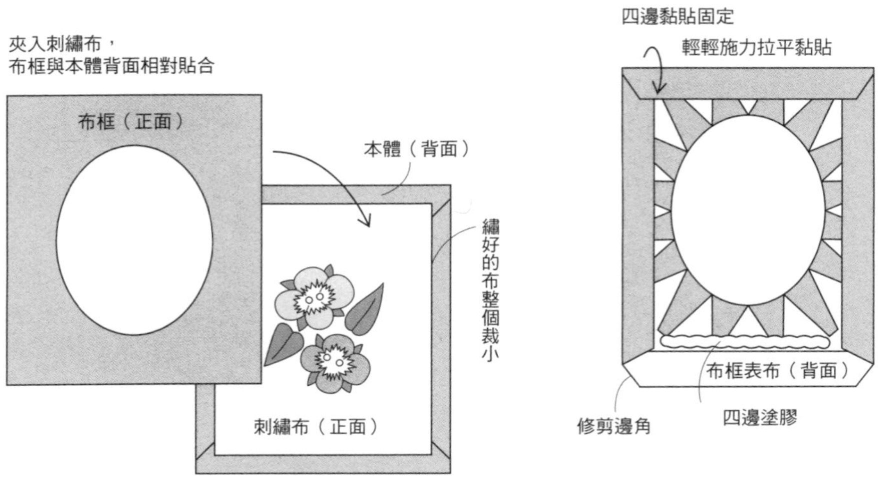

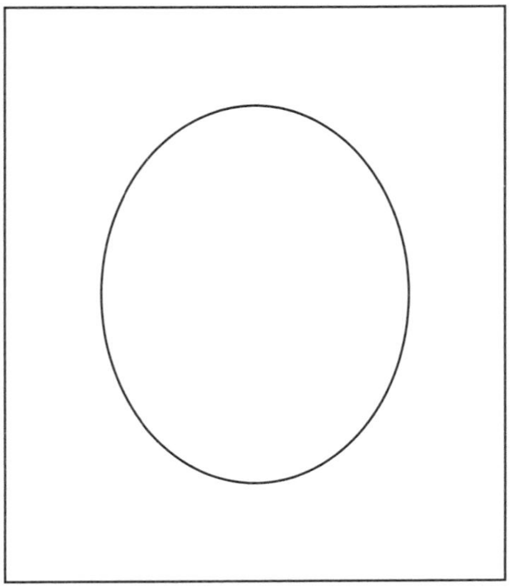

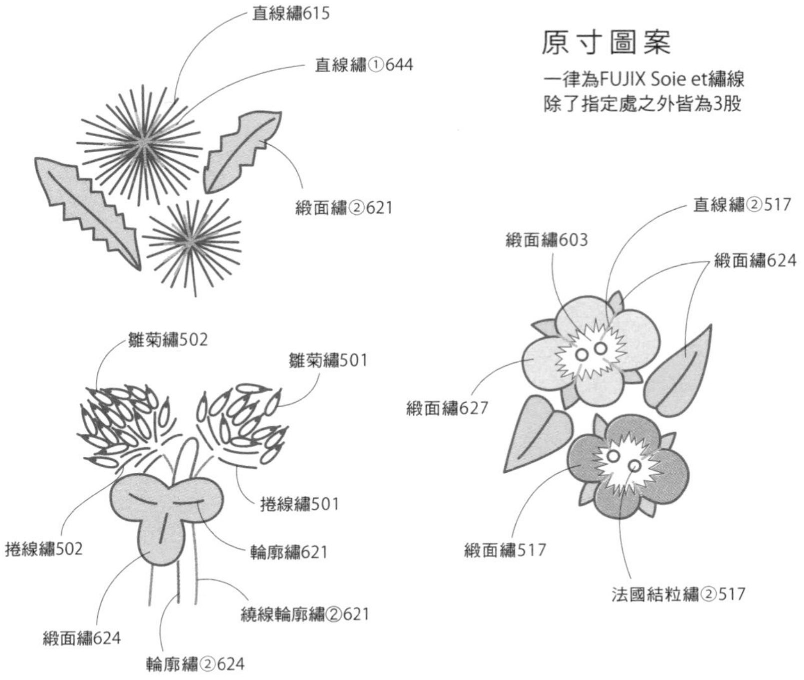

原寸圖案

no. 08 P.009

一律為DMC25號繡線
除了指定處之外皆為2股・緞面繡

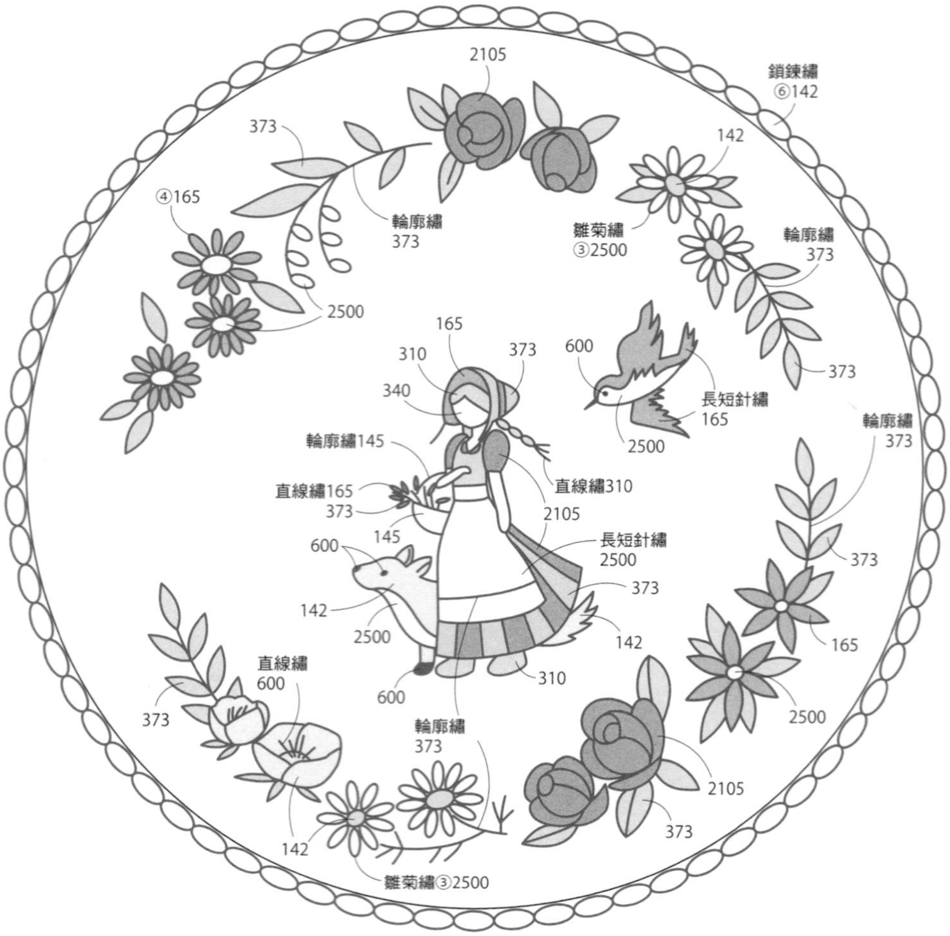

no. 16 P.018

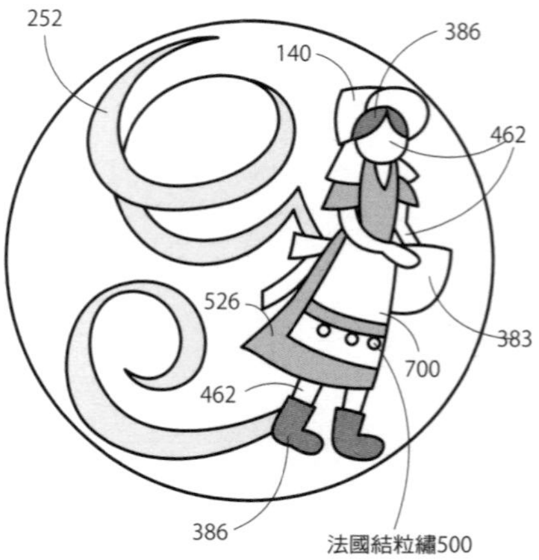

一律為COSMO 25號繡線2股
除了指定處之外皆為緞面繡

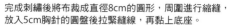

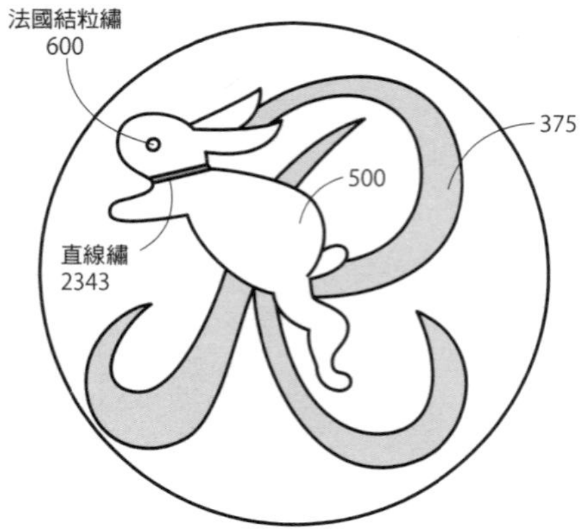

完成刺繡後將布裁成直徑8cm的圓形，周圍進行縮縫，
放入5cm胸針的圓盤後拉緊縫線，再黏上底座。

原寸圖案 no. 09 P.010

一律為DMC25號繡線

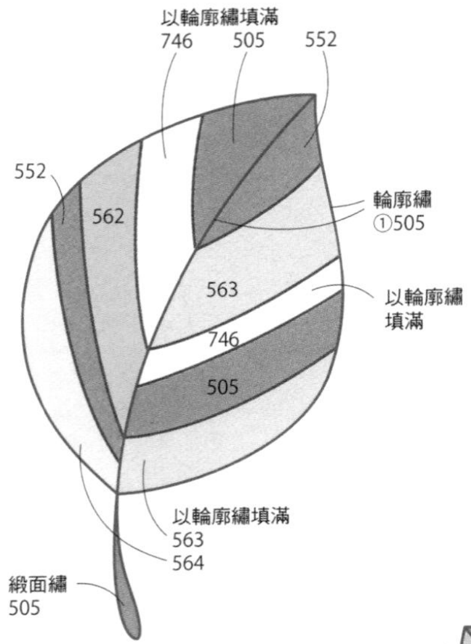

除了指定處之外皆為2股・以鎖鍊繡填滿

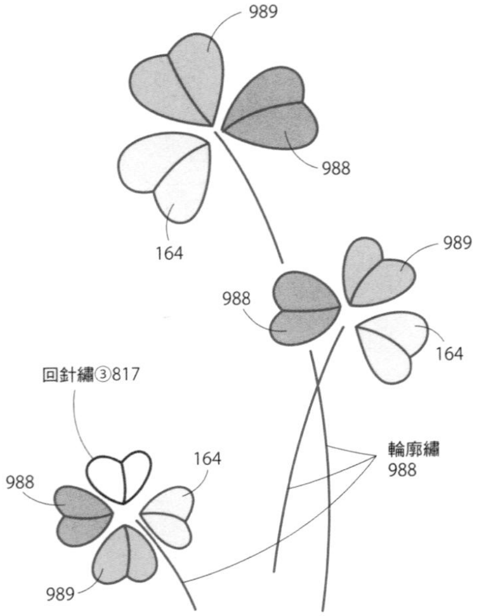

除了指定處之外皆為2股・緞面繡

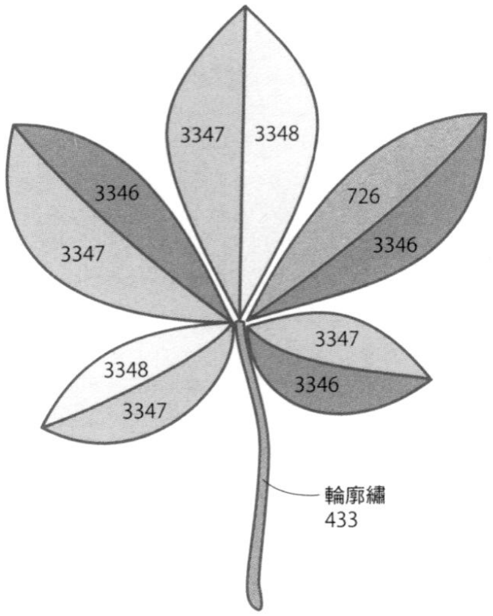

皆為2股
除了指定處之外
皆為緞面繡

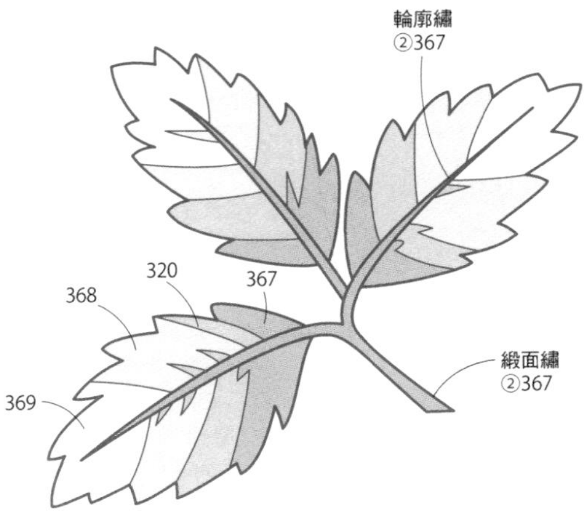

除了指定處之外皆為3股・以扭轉鎖鍊繡填滿

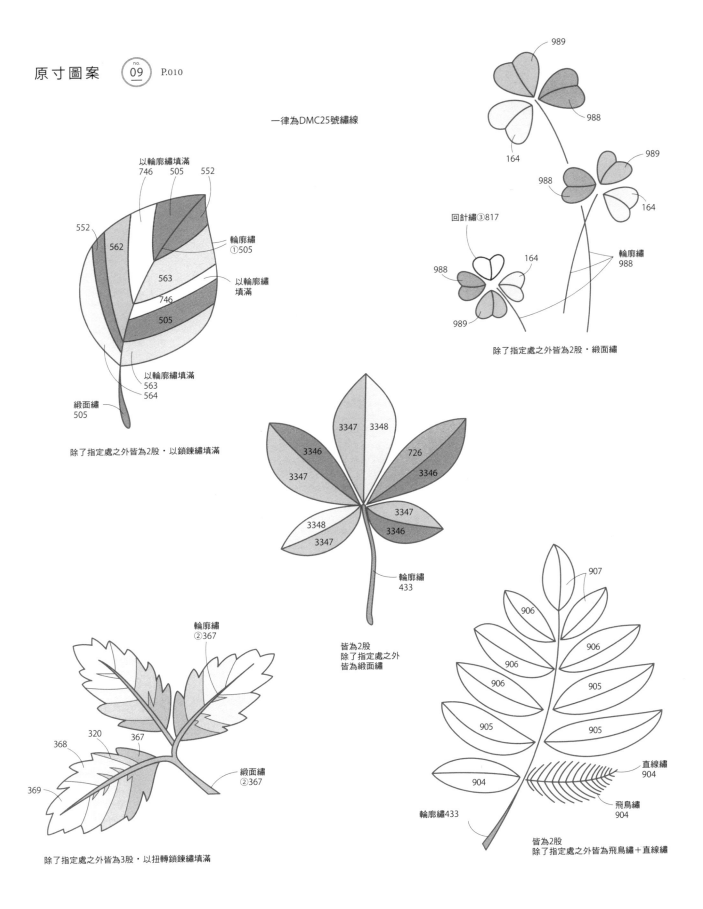

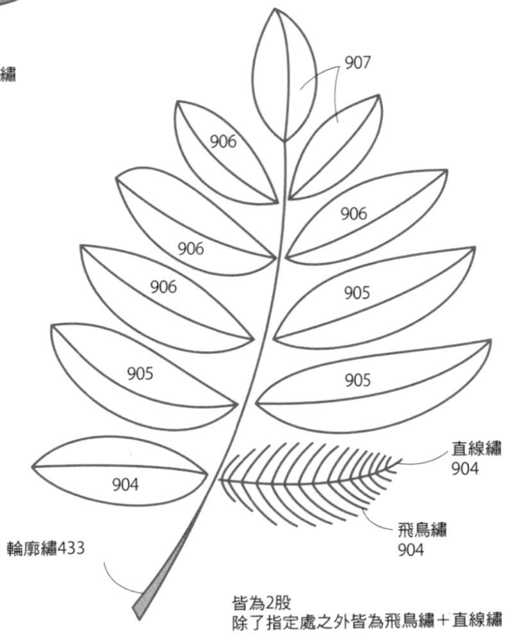

皆為2股
除了指定處之外皆為飛鳥繡＋直線繡

原寸圖案

no. 17 P.019

一律為DMC25號繡線
除了指定處之外皆為2股・緞面繡　法國結粒繡皆繞2圈

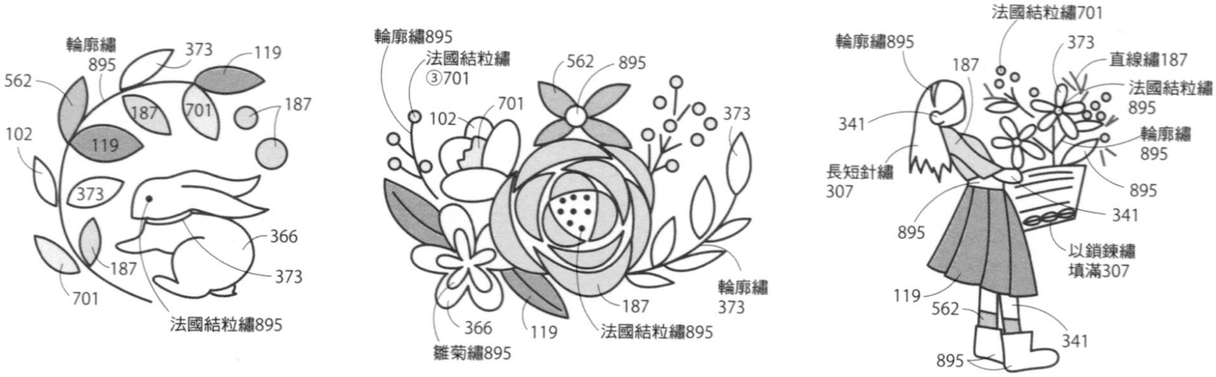

no. 28 P.030

一律為DMC25號繡線
除了指定處之外皆為2股

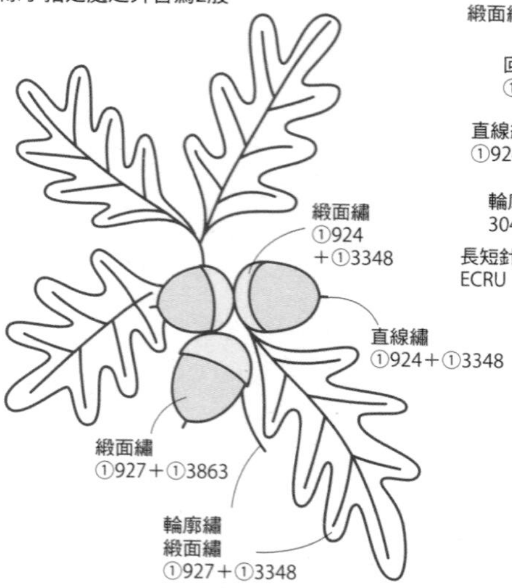

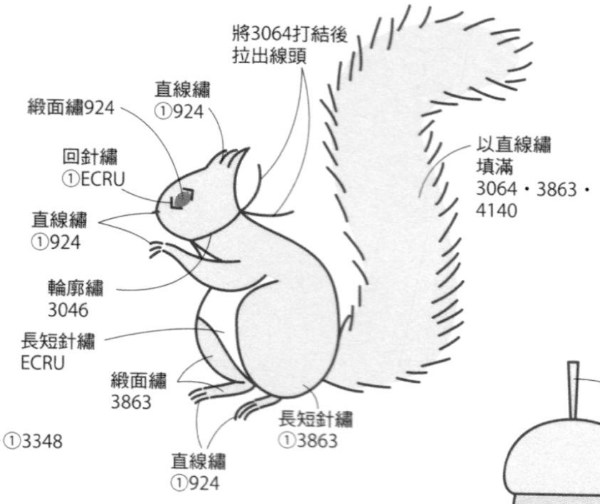

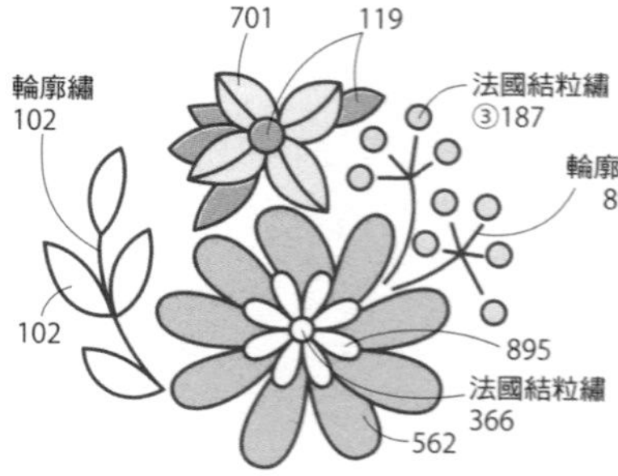

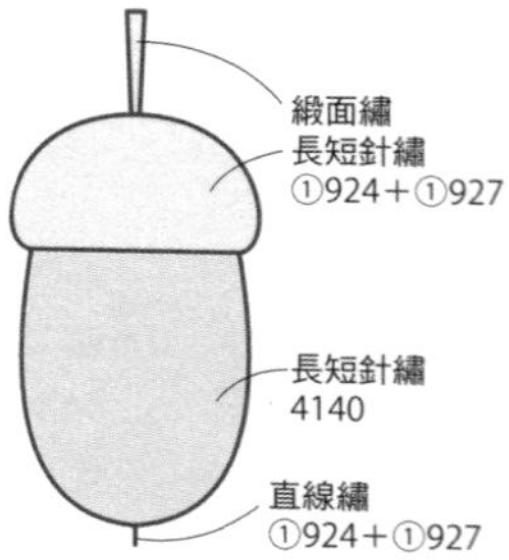

no. 41 P.038

一律為DMC25號繡線
除了指定處之外皆為2股・緞面繡

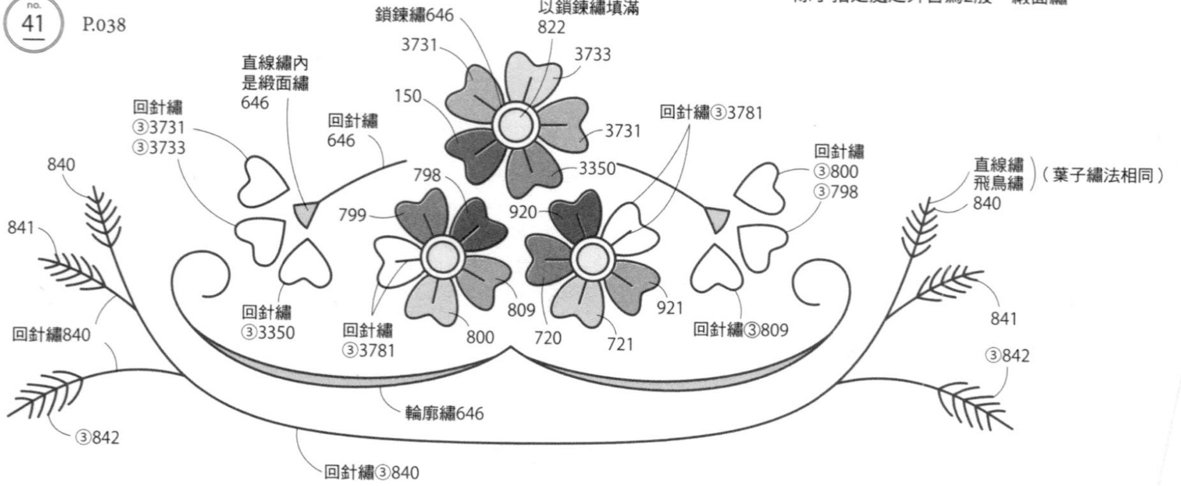

no. 18　no. 19

P.020・P.021

胸針兩款

材料（1件的用量）

No.18…米褐色不織布・合成皮各適量、寬2cm胸針托1個、DMC25號繡線各色適量

No.19…白色不織布・合成皮各適量、寬2.3cm胸針托1個、TOHO圓串珠丸小・特小各色適量、附底座水晶・珍珠等各種適量、DMC25號繡線各色・DiamantD3852 各適量

作法（共用）

1 於不織布進行刺繡（No.19是縫上串珠）後修剪周圍。

2 裡布裁成與 1 同尺寸，於背面裝上胸針托。No.19的不織布也相同方法裁剪，貼合至表布的背面。

3 將步驟 1 與步驟 2 背面相對，周圍進行捲針縫。

★ No.19原寸圖案 ⟶ 作品圖案Ⓐ面

no. 18 **胸針**　※皆為原寸裁剪

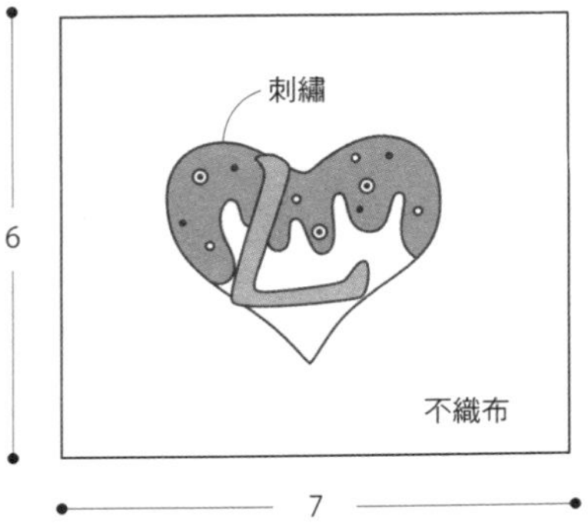

no. 19 **胸針**

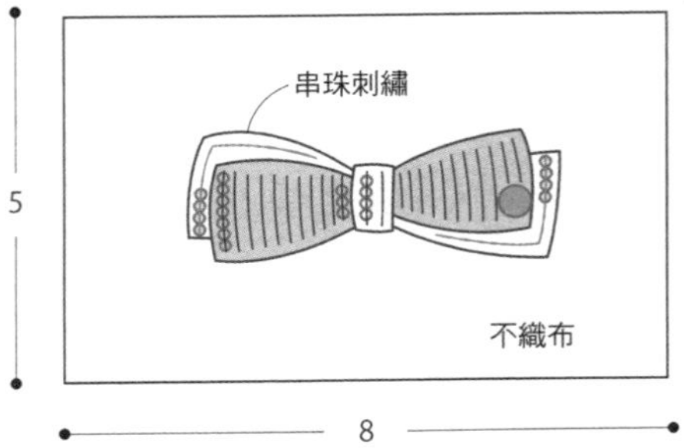

※圖案的周圍預下1.5cm的空白

表布&裡布背面相對疊合

作品No.18配合不織布的顏色，以25號繡線1股於周圍進行毛邊繡
作品No.19以Diamant 繡線D3852・1股進行捲針縫

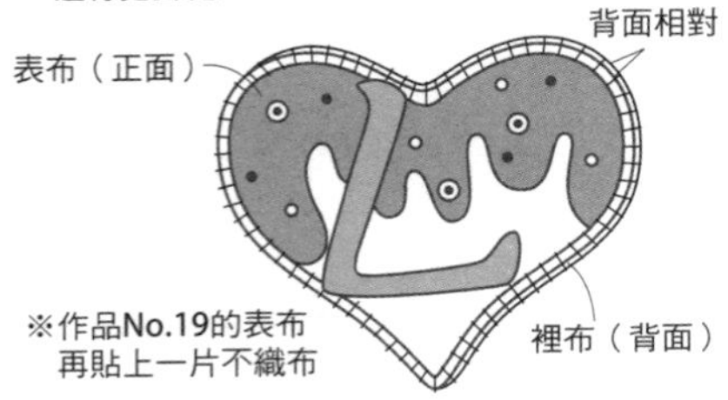

修剪周圍

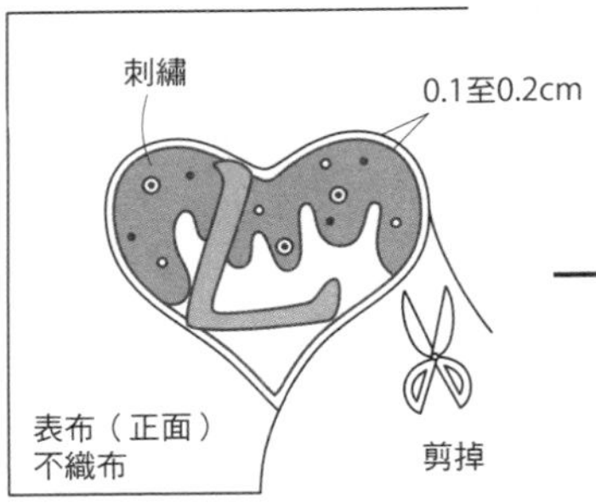

修剪裡布

※作品No.19還要修剪一片不織布

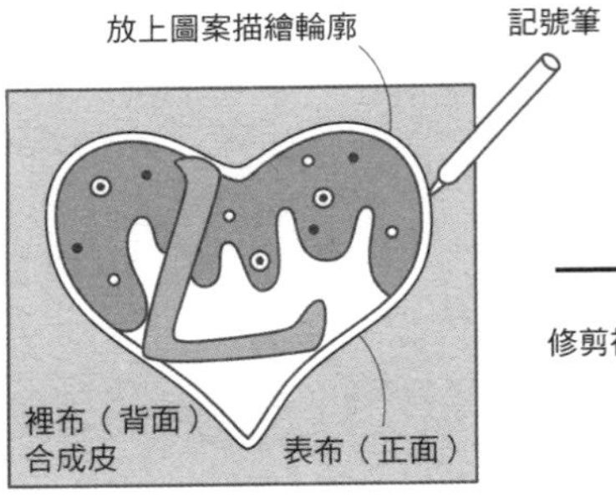

在裡布裝上胸針托

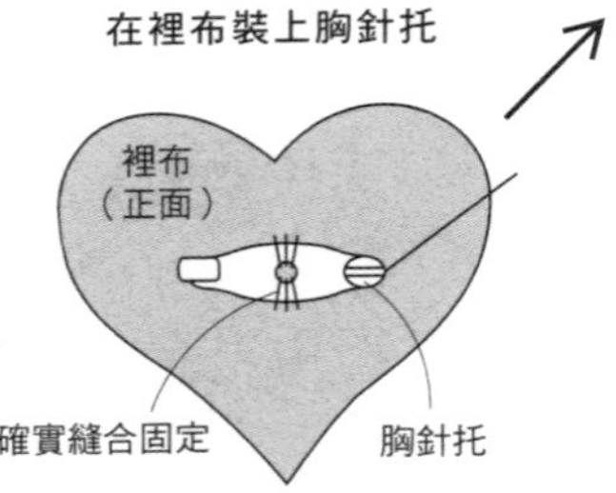

原寸圖案　no. 18

一律為DMC25號繡線　除了指定處之外皆為2股
除了指定處之外皆以輪廓繡填滿　法國結粒繡皆繞2圈

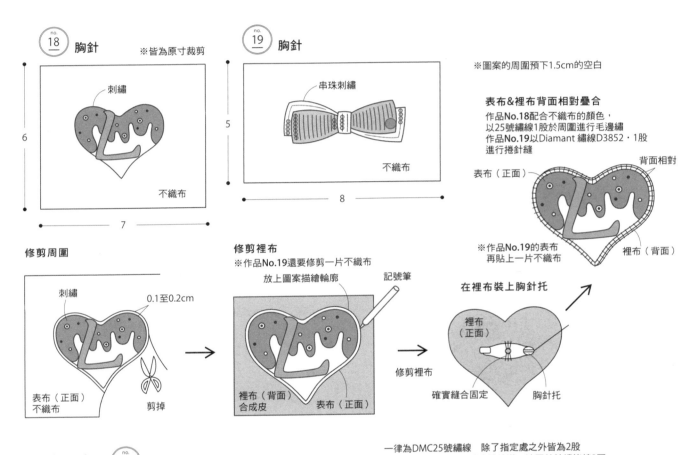

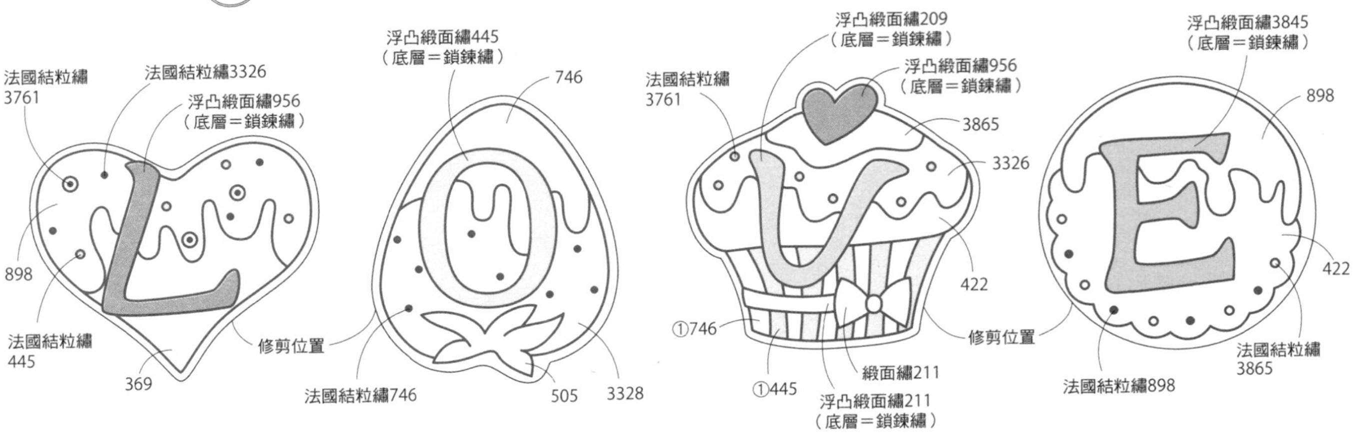

no. 20

P.022

髮飾

材料（髮夾・1件的用量）

米褐色亞麻布15×15cm、接著襯15×15cm、金屬髮夾台1個（寬度參考圖示）、化纖棉適量、DMC 25號繡線各色適量

作法

1 於亞麻布的背面燙貼接著襯，前側進行刺繡。
2 前側與後側正面相對疊合，預留返口後車縫周圍。縫份修剪至0.3cm。
3 從返口翻至正面，塞入薄薄一層化纖棉。
4 縫合返口，周圍進行裝飾車縫。
5 後側裝上金屬髮夾台。

※另外兩個髮圈作品是以CLOVER（株）的髮圈專用包釦（橢圓形55・圓形40）製作。

★ 原寸圖案 → P.023

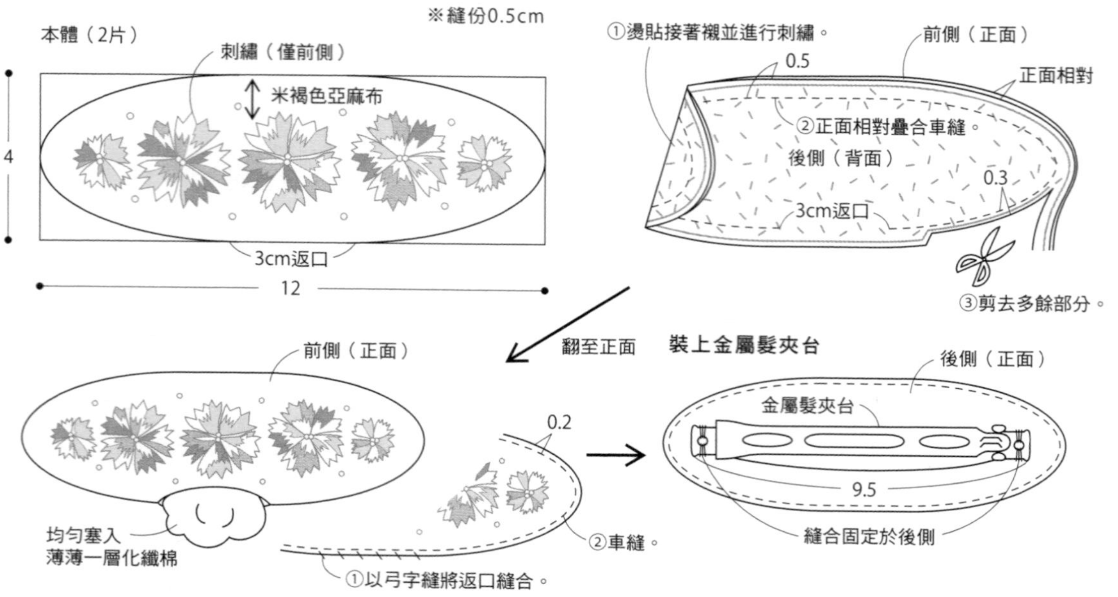

完成圖

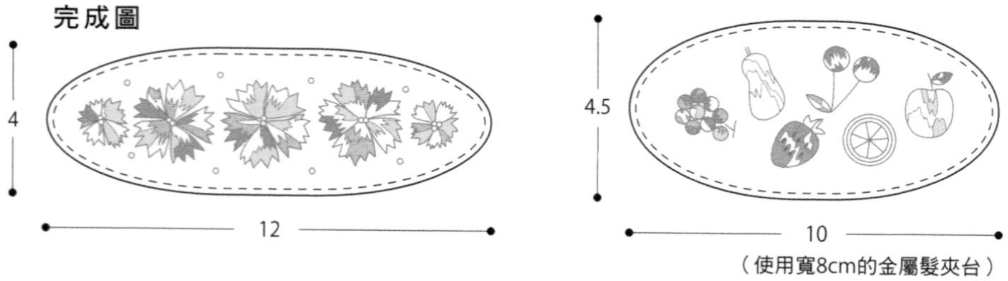

no. 25

P.026

原寸圖案

一律為DMC25號繡線
除了指定處之外皆為2股・緞面繡

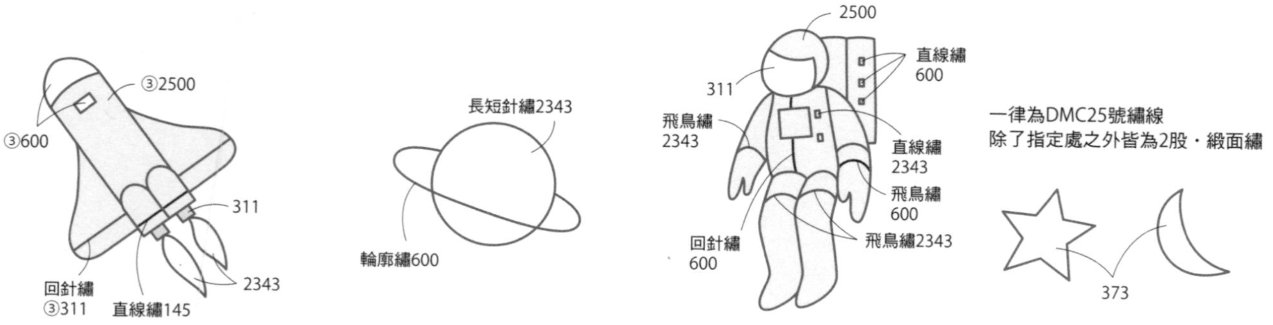

原寸圖案

no. 36
P.036
直線繡②376
法國結粒繡
②100
168
2664
376
376
566
253
一律為DMC25號繡線
除了指定處之外皆為1股・長短針繡
※嘴巴與眼睛的繡法皆相同
no. 37
P.036
一律為DMC25號繡線
除了指定處之外皆為2股・376
法國結粒繡
100
平針繡100
直線繡①
雛菊繡
直線繡①100
回針繡100
長短針繡①
no. 38
P.036
一律為DMC25號繡
除了指定處之外皆為2股
直線繡
①100
直線繡
①525
緞面繡
376
緞面繡
2214
直線繡
①525
回針繡565
緞面繡565
十字繡
100
直線繡
2214
0.5
0.5
0.5

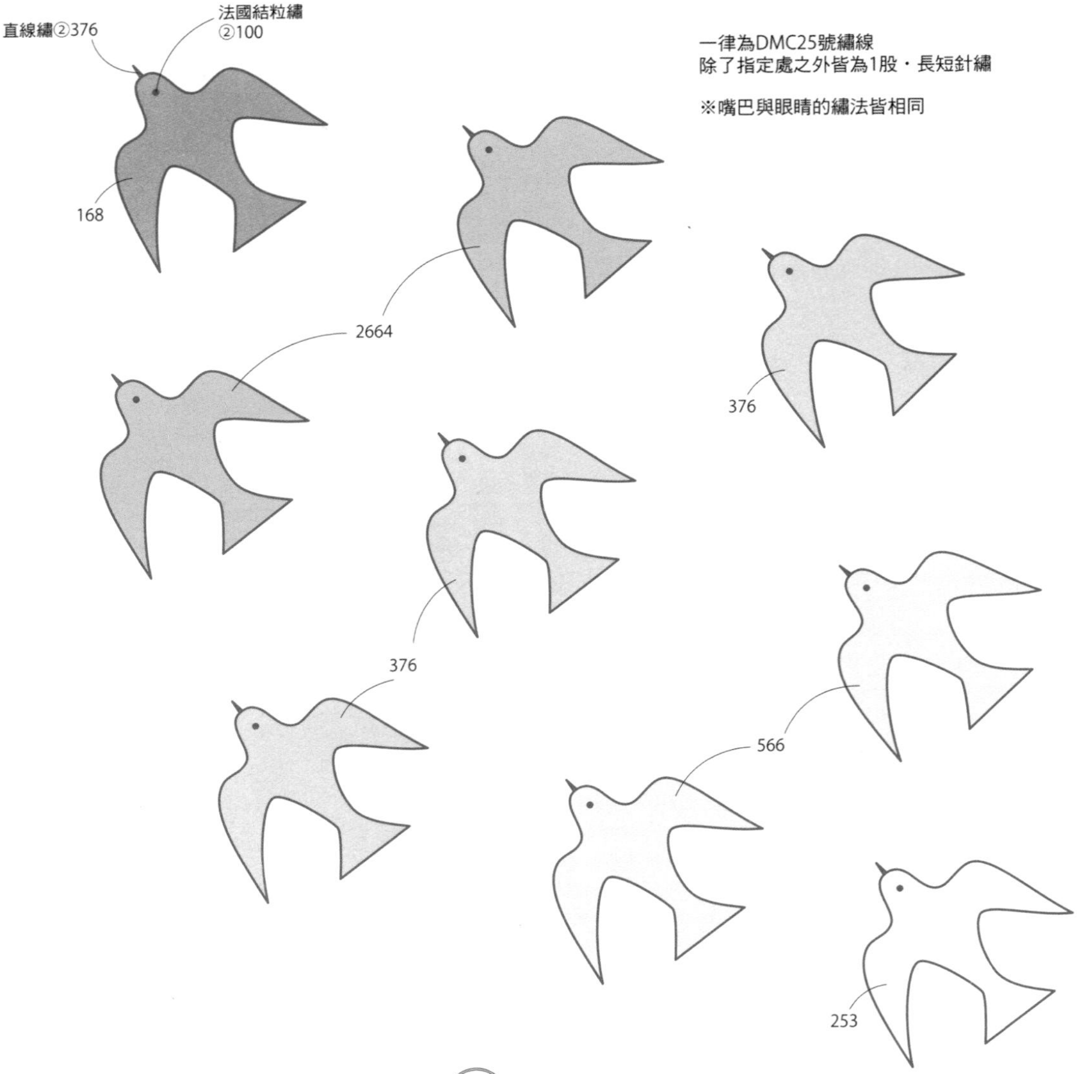

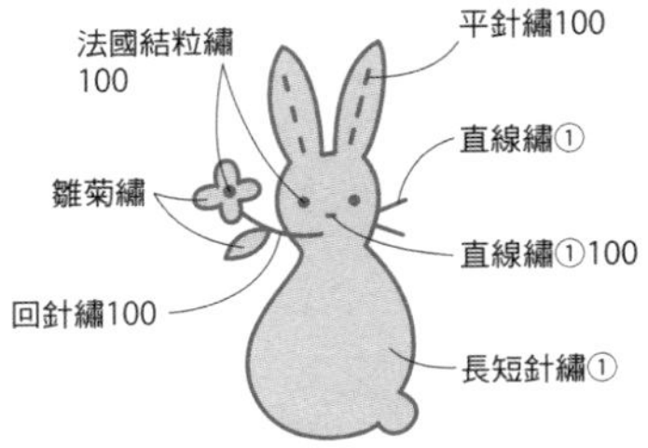

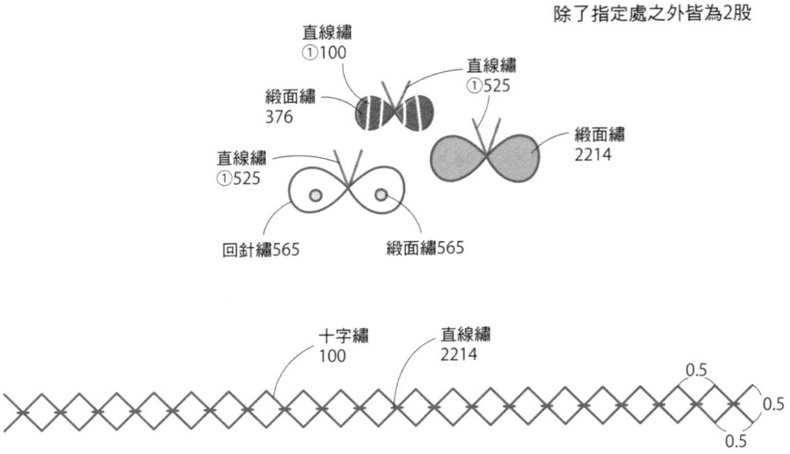

no. 23

P.025

波奇包

材料

紫色棉布30×25cm、條紋棉布15×25cm、花卉棉布20×50cm、長20cm樹脂拉鍊1條、COSMO繡線各色適量

作法

1 於本體B進行刺繡（後側只繡圓點點）。
2 本體A・B正面相對疊合車縫。
3 將步驟2與裡袋正面相對疊合，袋口包夾拉鍊車縫。翻至正面，依相同作法將拉鍊的另一側接縫於本體與裡袋。
4 打開拉鍊，本體與裡袋各自正面相對疊合，於裡袋預留返口後車縫。
5 翻至正面，縫合返口。

★ 原寸圖案 ⟶ P.079

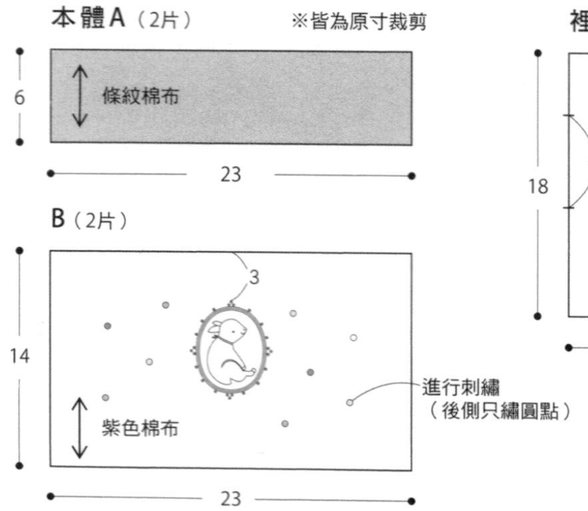

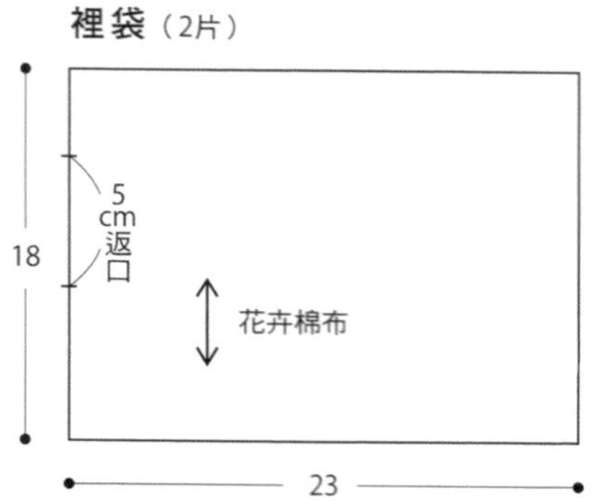

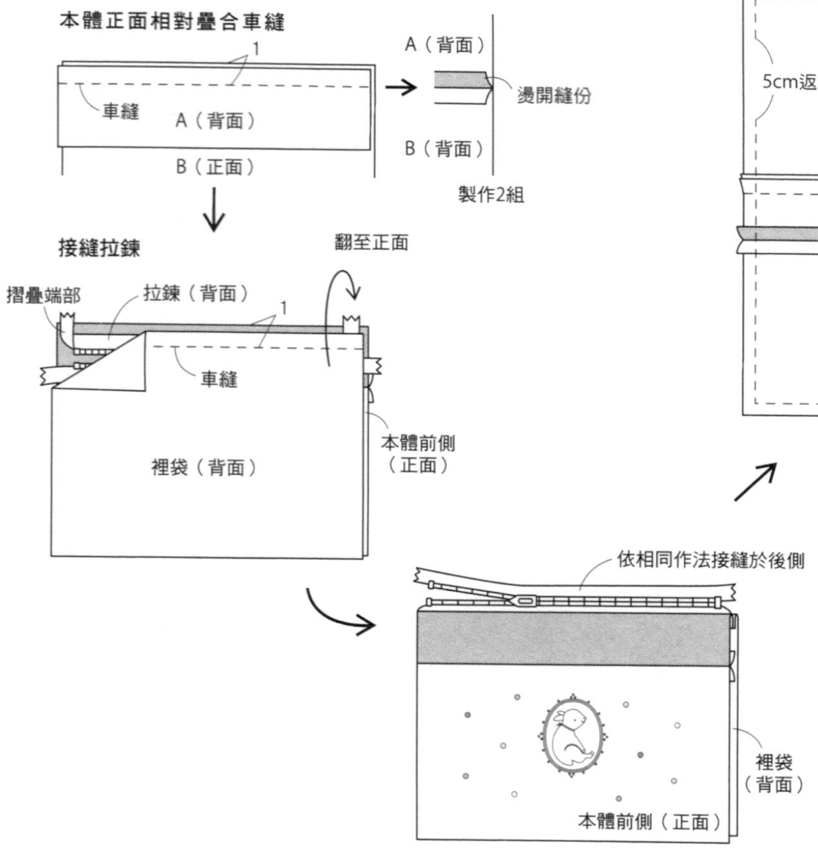

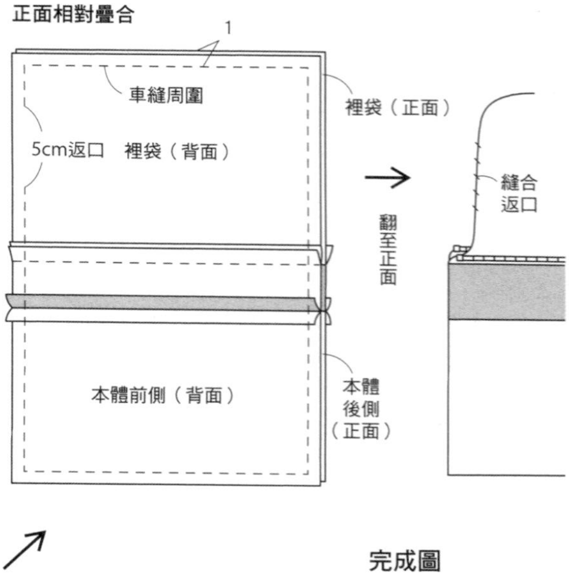

完成圖

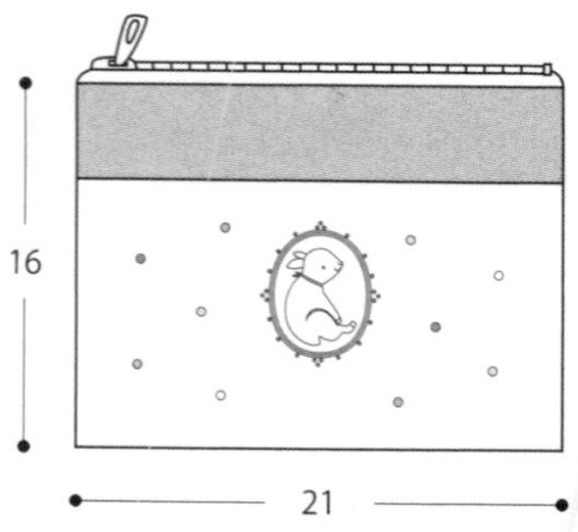

no. 12

P.014

抱枕

材料

米褐色亞麻布40×40cm、格紋亞麻布40×40cm、長30cm拉鍊1條、枕心、OOE花線各色適量

作法

1 於亞麻布進行刺繡，製作前側。
2 拉鍊接縫於步驟1與後側的下方。
3 前側與後側正面相對疊合，車縫剩下的三個邊。縫份以Z字縫處理。
4 翻至正面，放入枕心。

★ 原寸圖案 → 作品圖案Ⓑ面

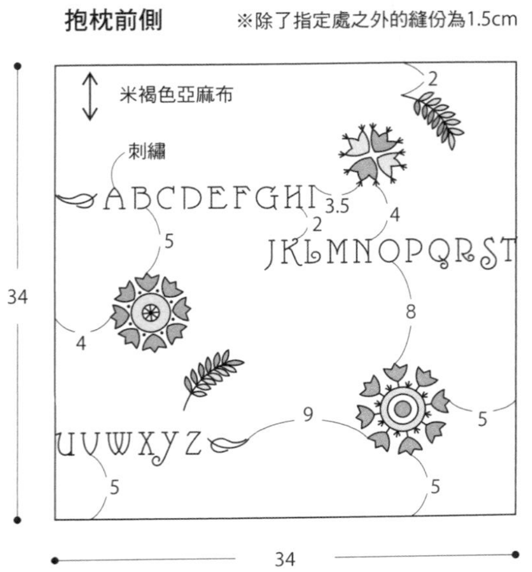

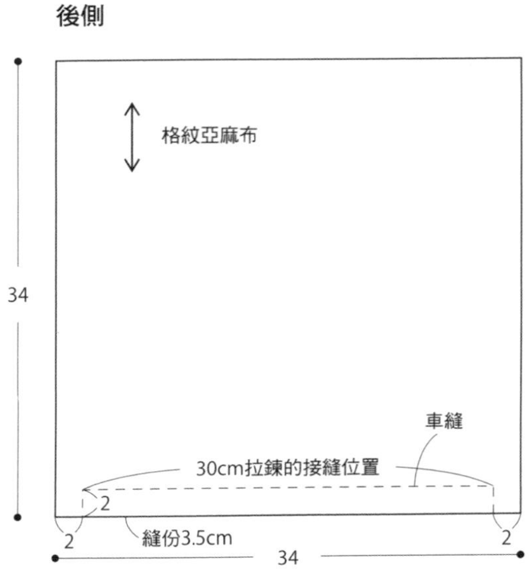

原寸圖案

no. 23

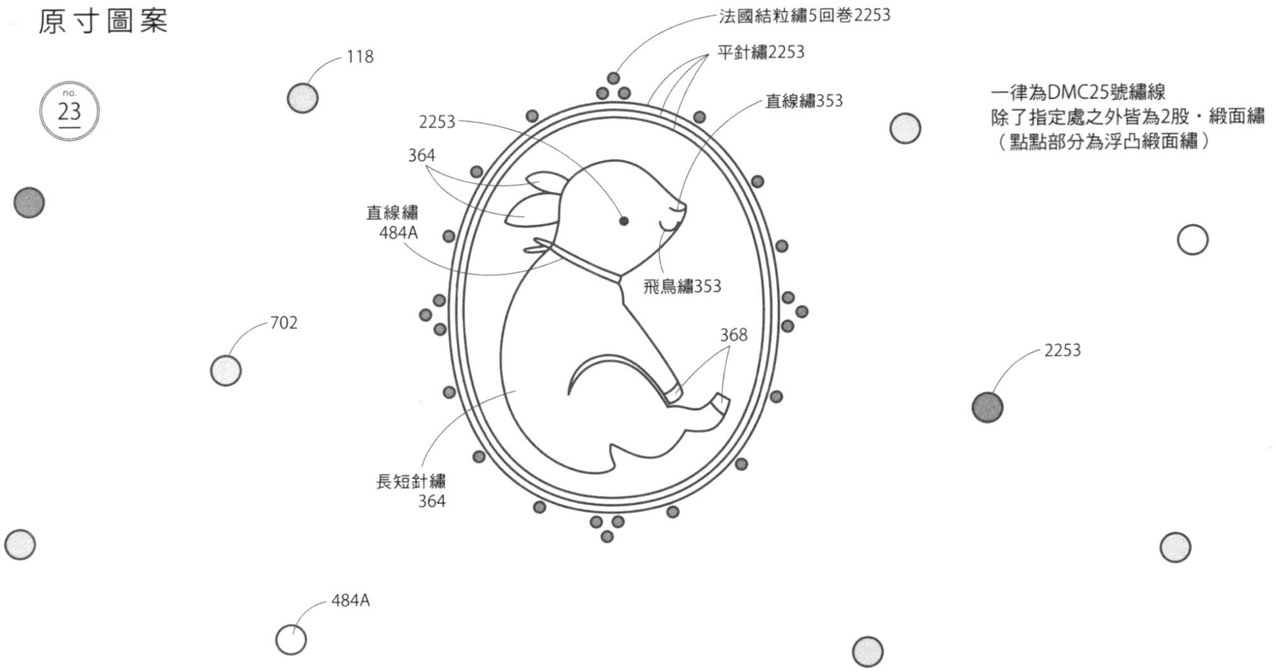

一律為DMC25號繡線
除了指定處之外皆為2股・緞面繡
（點點部分為浮凸緞面繡）

no. 24

P.025

斜肩包

材料

黑色起絨布（Fleece）・水色圓點棉布各30×40cm、紫色棉布5×15cm、條紋棉布5×5cm、寬1cm緞帶130cm、長3cm胸針托、內徑1cm問號鉤2個、寬12×5.3cm（玉珠扣不包含在內）口金1組、COMOS25號繡線各色適量

作法

1 於本體前側的起絨布上進行刺繡。
2 將耳朵表布與裡布正面相對疊合車縫。翻至正面，背面相對摺兩褶。
3 本體前側與後側正面相對疊合，夾入耳朵車縫袋底並剪牙口。翻至正面整理形狀。
4 製作內袋，放進3中。內袋與裡袋背面相對套疊，車縫袋口。
5 安裝口金。
6 製作蝴蝶結，裝上胸針托。
7 於寬1cm的緞帶兩端加裝問字鉤（長度隨個人喜好調整），再勾住口金圈環。

本體（裡袋同尺寸・各2片）　※皆為原寸裁剪

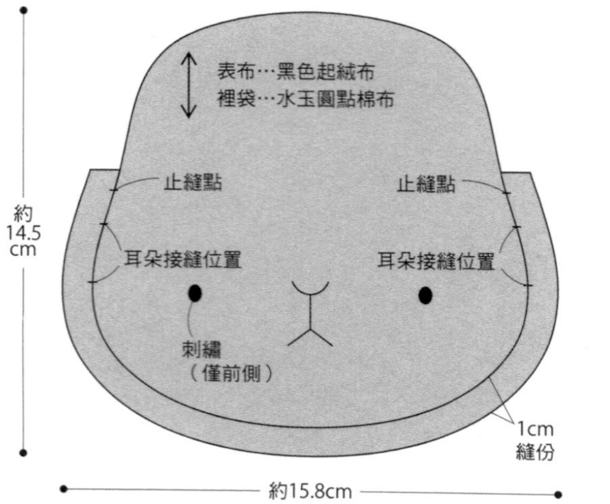

耳朵（表布・裡布各2片）

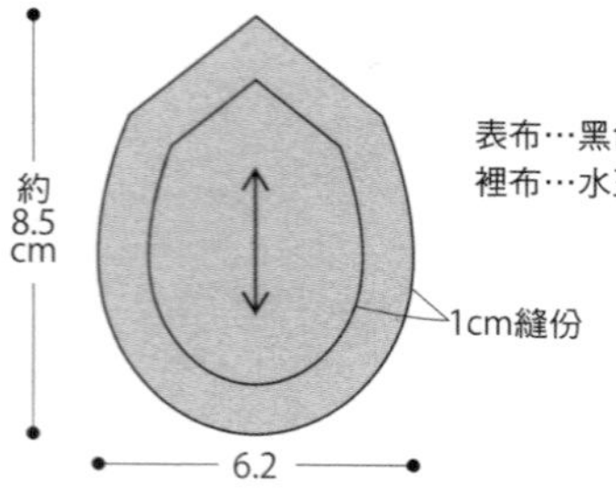

蝴蝶結（2片）

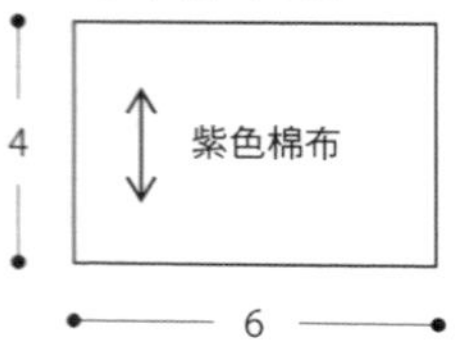

蝴蝶結中間

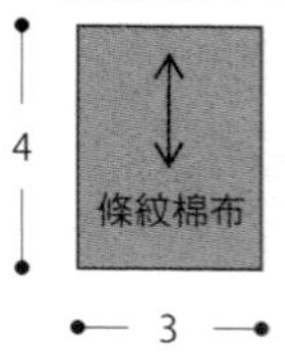

製作耳朵

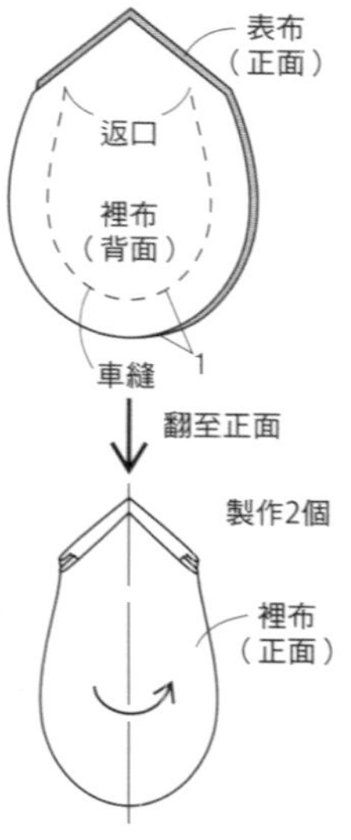

製作本體

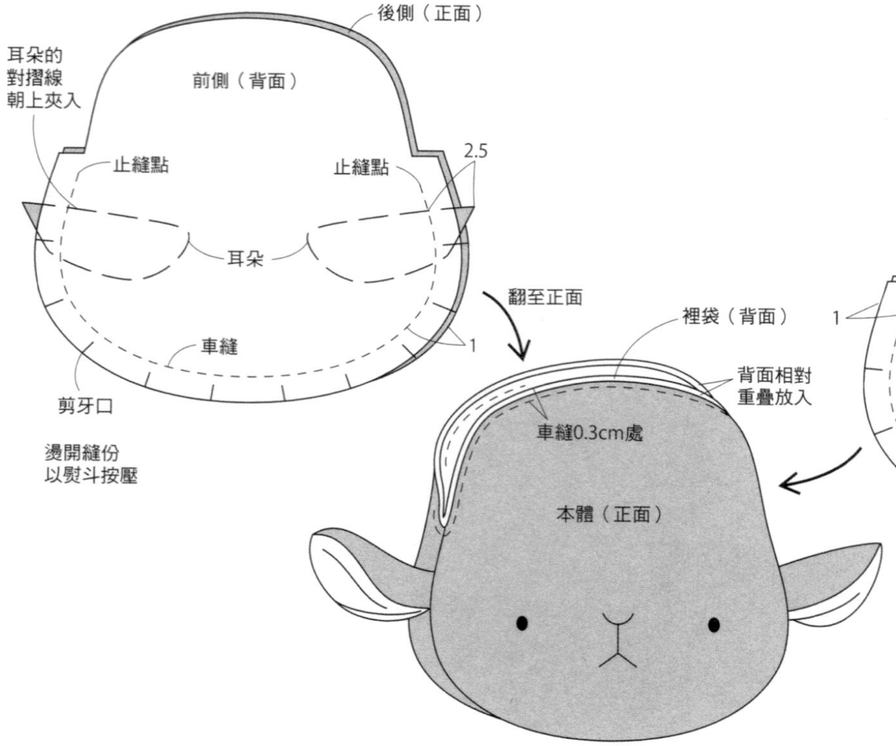

製作裡袋

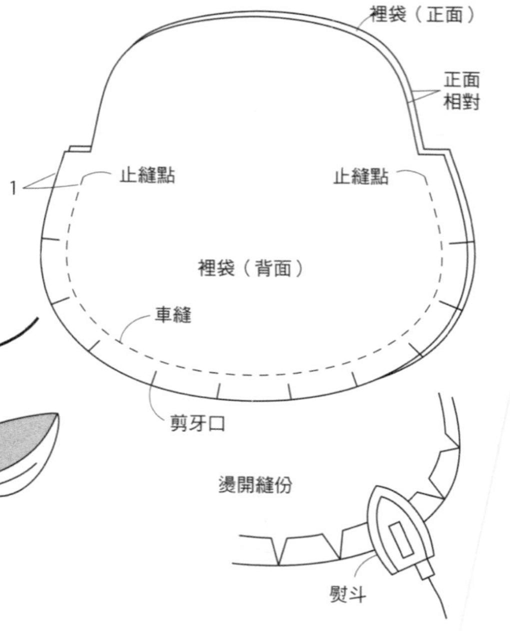

組裝口金

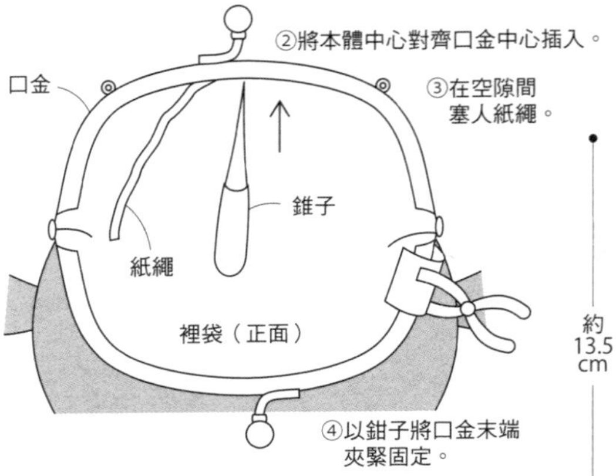

①在口金的溝槽塗膠。
②將本體中心對齊口金中心插入。
③在空隙間
塞人紙繩。
口金
錐子
紙繩
裡袋（正面）
④以鉗子將口金末端
夾緊固定。

完成圖

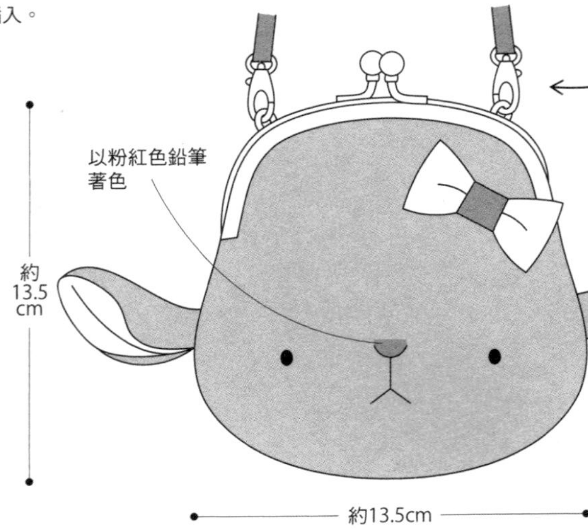

約
13.5
cm
以粉紅色鉛筆
著色
約13.5cm

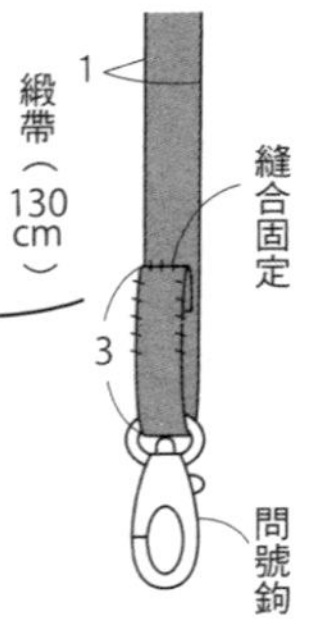

緞帶（130cm）
1
縫合固定
3
問號鉤

蝴蝶結

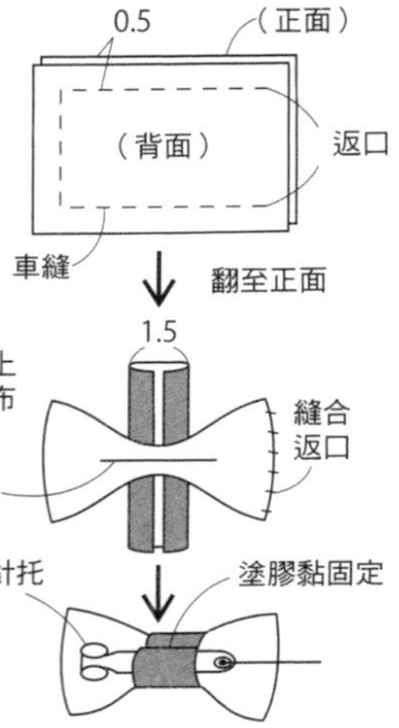

0.5
（正面）
（背面）
返口
車縫
翻至正面
1.5
包捲上
中間布
縫合
返口
抓褶
胸針托
塗膠黏固定

原寸紙型

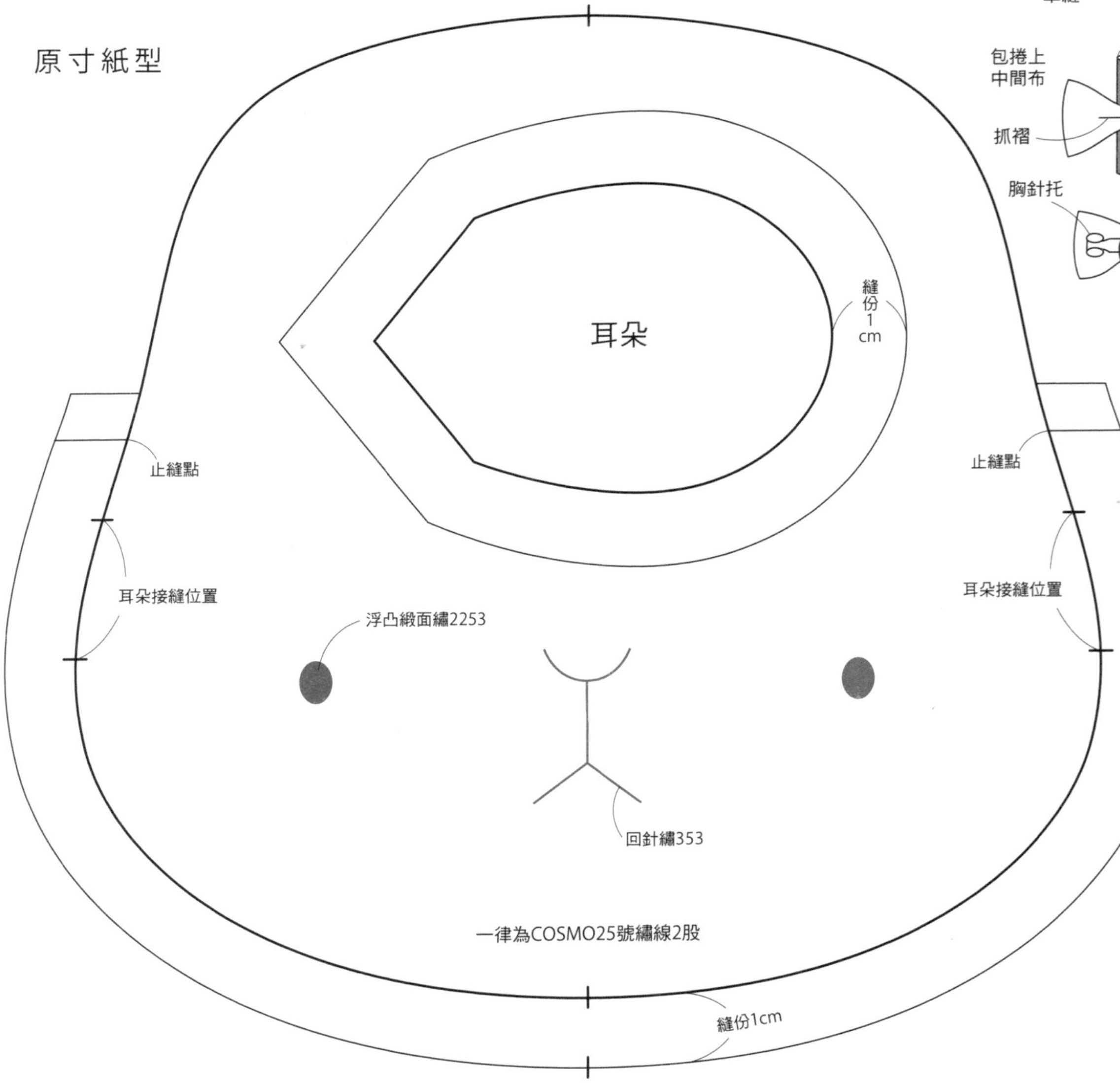

耳朵
縫份
1
cm
止縫點
止縫點
耳朵接縫位置
耳朵接縫位置
浮凸緞面繡2253
回針繡353
一律為COSMO25號繡線2股
縫份1cm

no. 26

P.027

學習袋

材料

原色棉布45×60cm、水藍色碎花布50×45cm、水藍色條紋布60×45cm、焦茶色棉布15×15cm（貼布縫用）、土黃色不織布20×20cm、接著襯45×45cm、直徑1cm絨毛球5顆、寬0.3緞面緞帶25cm、填充棉適量、COSMO25號繡線各色適量

作法

1 於前側B的背面燙貼接著襯，並進行刺繡與貼布縫（背面燙貼接著襯後原寸裁剪）。可依喜好平衡配置刺繡與貼布縫的位置。

2 前側A・B・C與後側正面相對疊合車縫，製作本體。

3 本體與裡袋正面相對疊合。製作提把，包夾於袋口車縫固定。

4 前後的袋口在中間重疊，裡袋翻至正面，於裡袋預留返口後縫合兩脇邊。

5 翻至正面，縫合返口，袋口進行裝飾車縫。

★ 原寸圖案 → 作品圖案Ⓑ面

前側

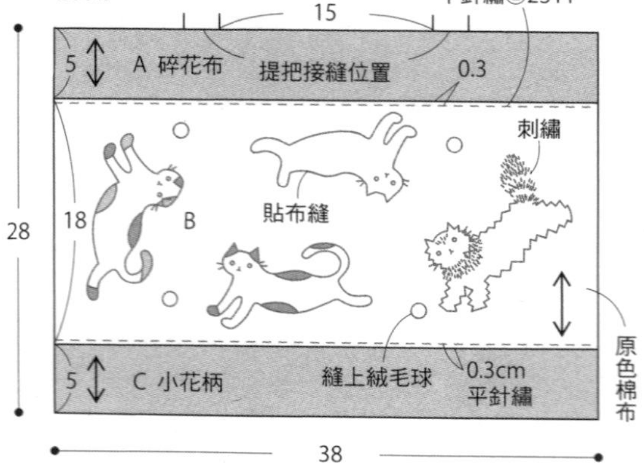

後側

※1cm縫份

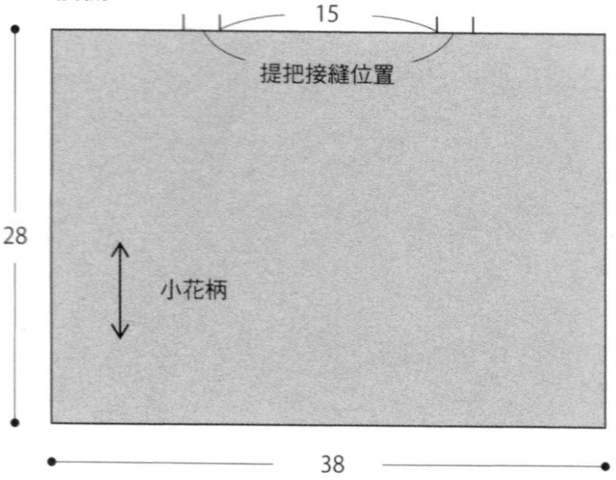

裡袋

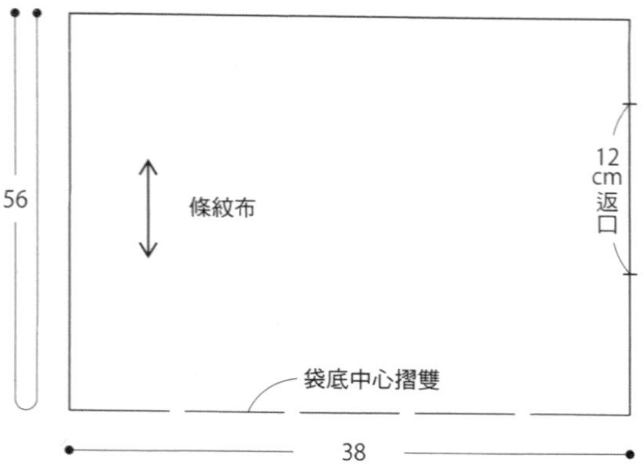

提把（2片）

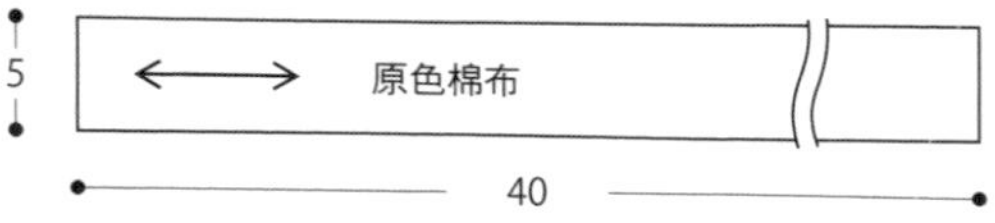

製作提把

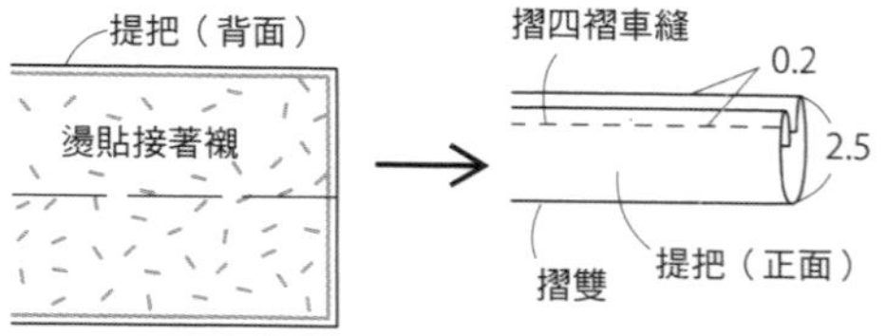

吉祥物吊飾

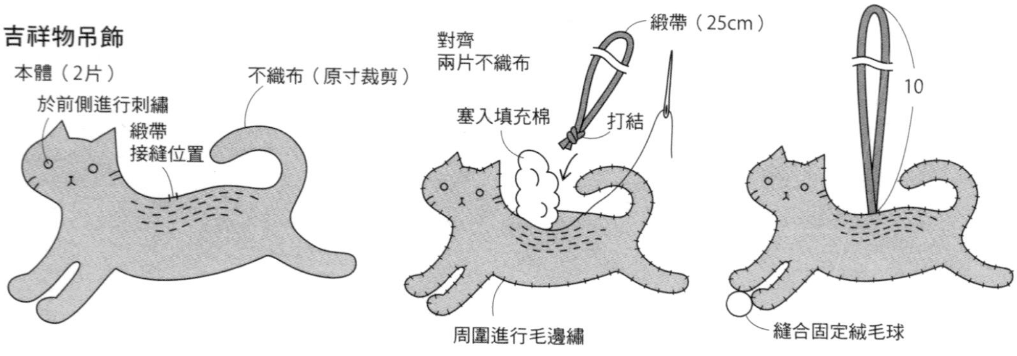

前・後側&裡袋正面相對疊合

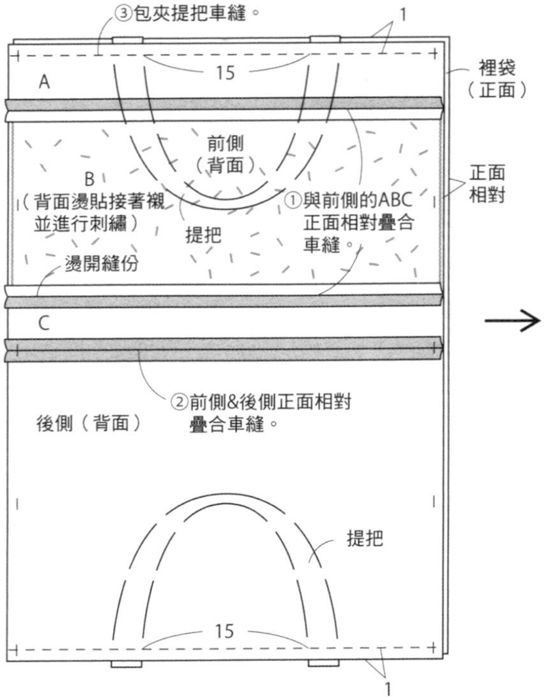

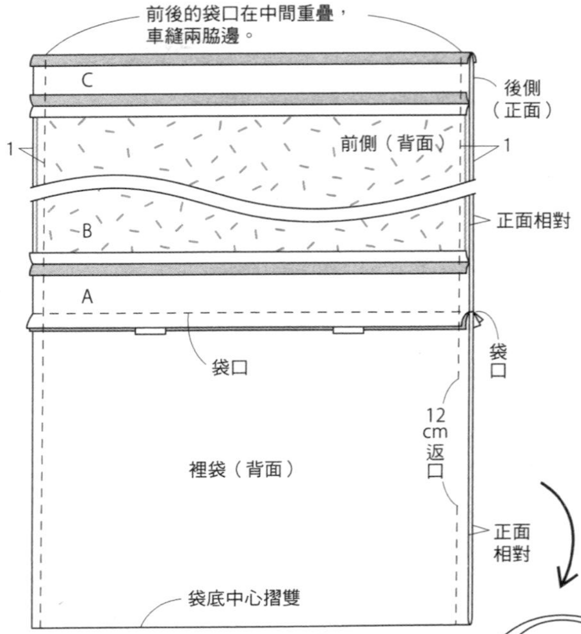

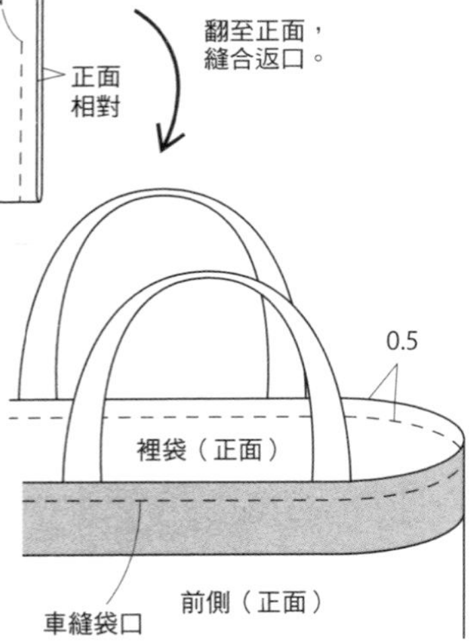

吉祥物原寸紙型

一律為COSMO25號繡線2股

（僅前側刺繡）

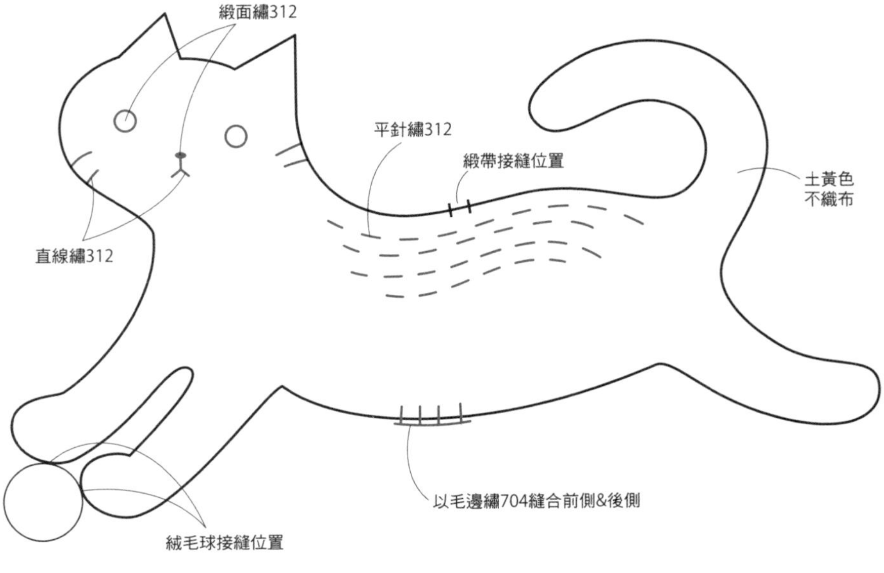

完成圖

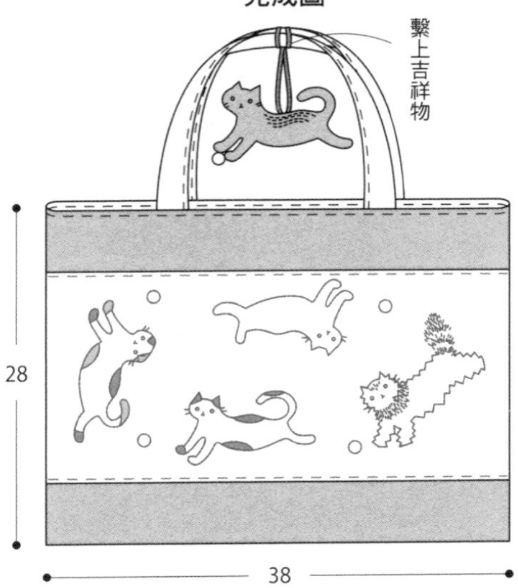

原寸圖案

no. 29

P.031

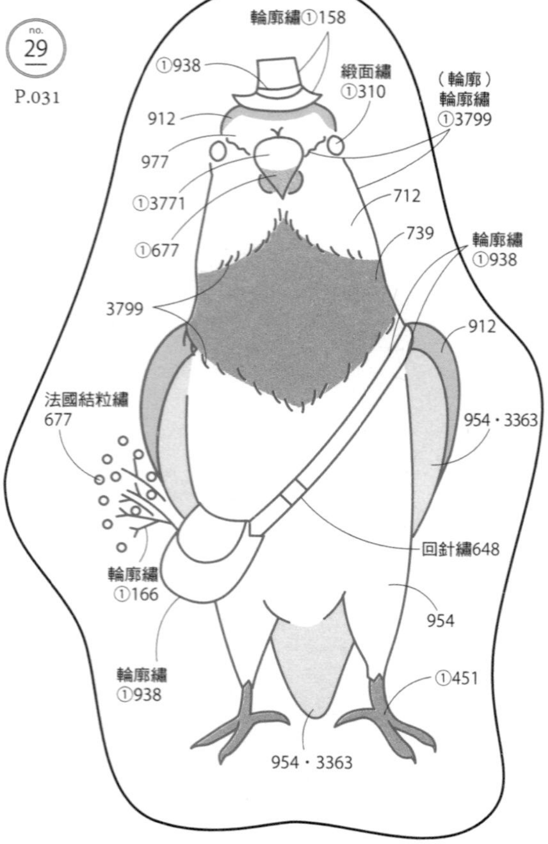

使用cosmo25號繡線，
皆為2股

no. 62

P.053

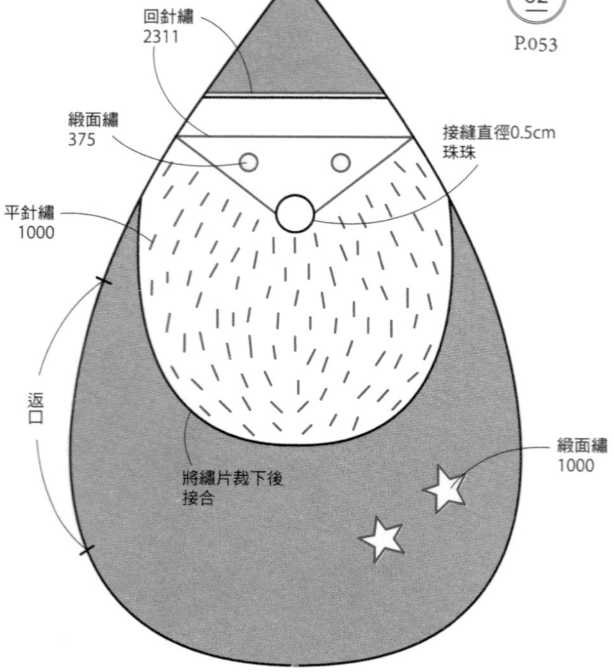

一律為DMC25號繡線
除了指定處之外皆為2股
除了指定處之外皆為直線繡
先繡出輪廓，
中間再以直線繡填滿。

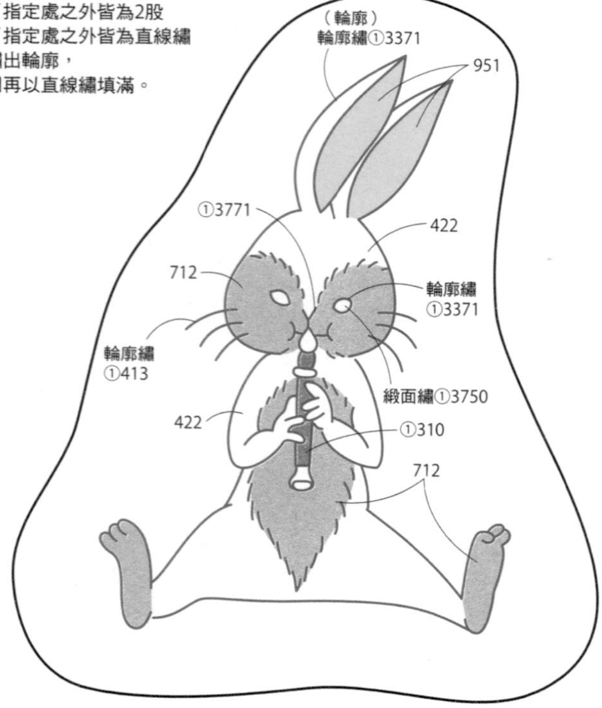

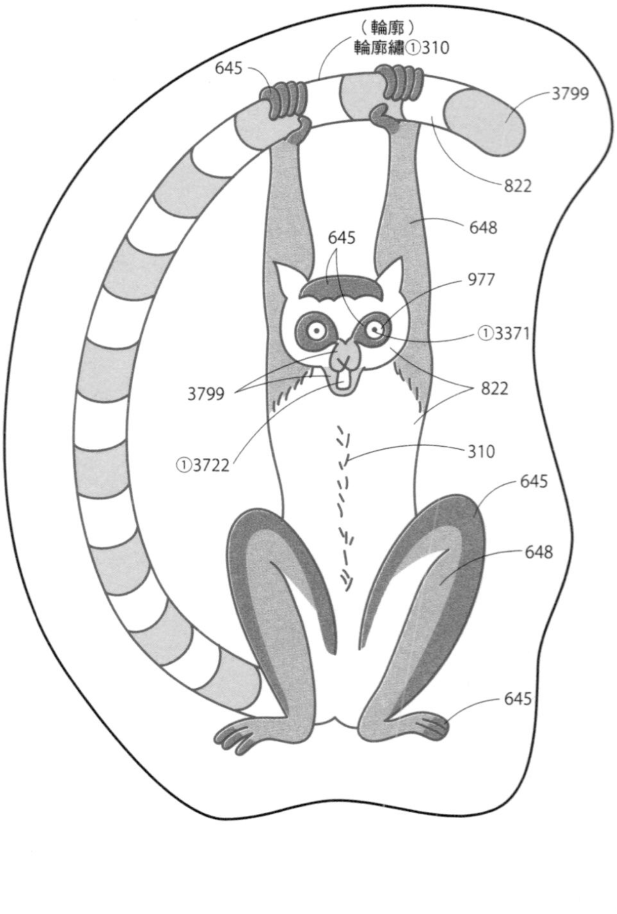

原寸圖案 no. 62 P.053

除了指定處之外皆為COSMO25號繡線
皆為2股

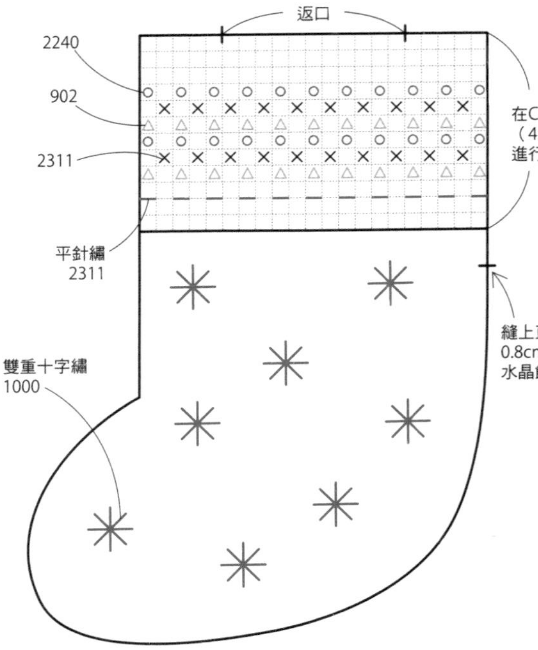

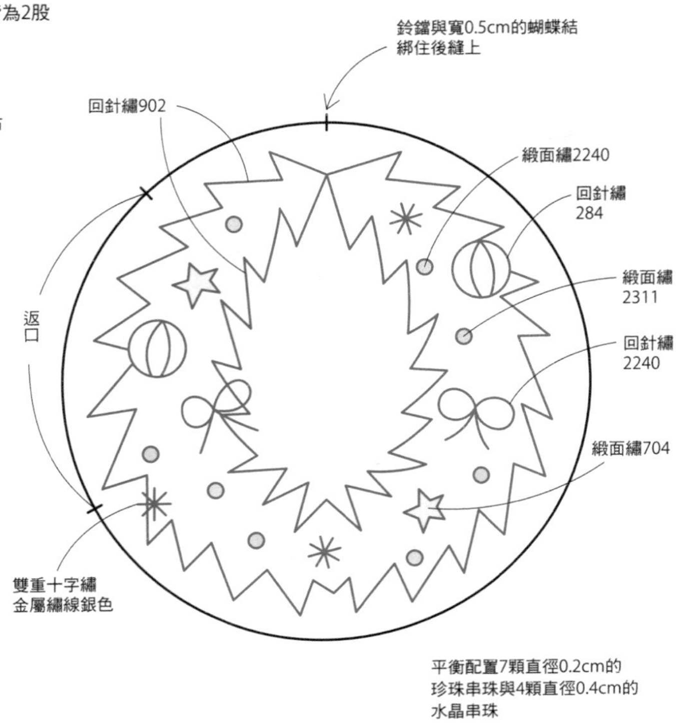

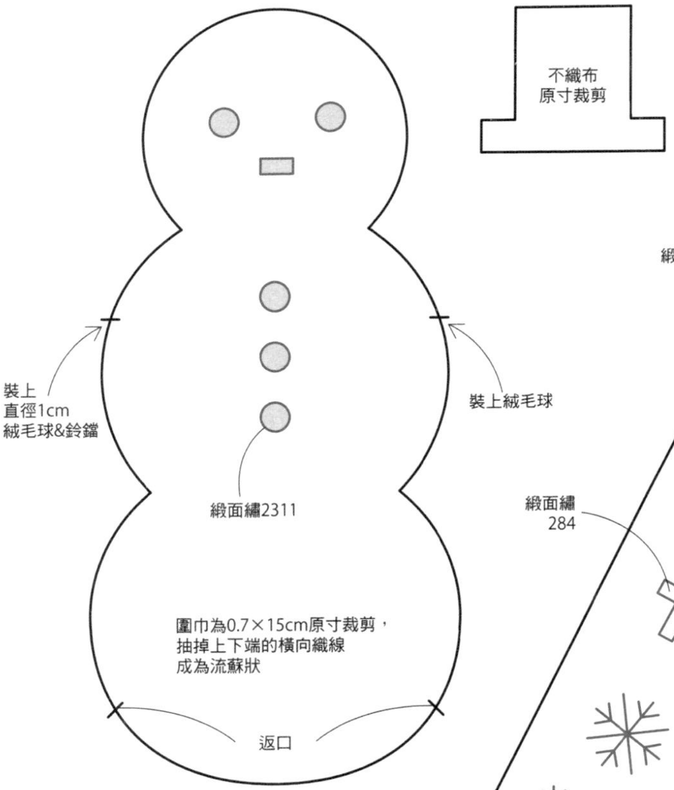

no. 34

P.035

購物袋

材料

條紋亞麻布90×45cm、紅色青年布90×45cm、寬4cm黑色羅紋帶80cm、寬2cm黑色棉布條50cm、Anchor25號繡線403繡線適量

作法

1 於表布進行刺繡。
2 步驟1與表布各自正面相對摺兩褶，重疊後車縫兩脇邊。
3 將步驟2翻至正面，縫成輪狀的羅紋帶接縫至袋口。
4 羅紋帶向內反摺，以星止縫固定。
5 於袋口接縫提把。

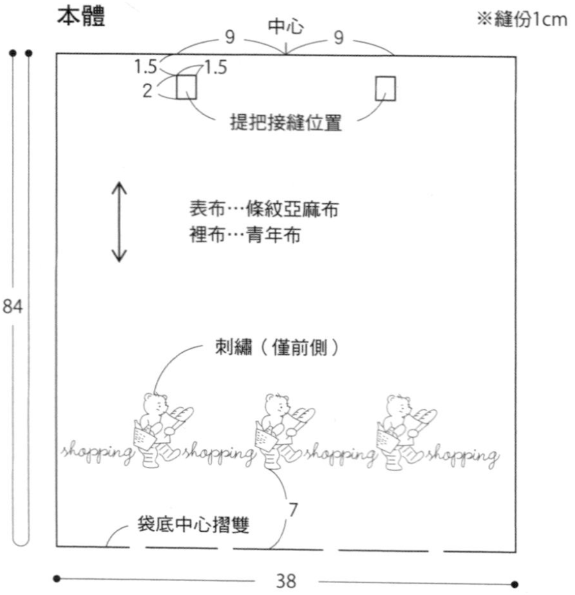

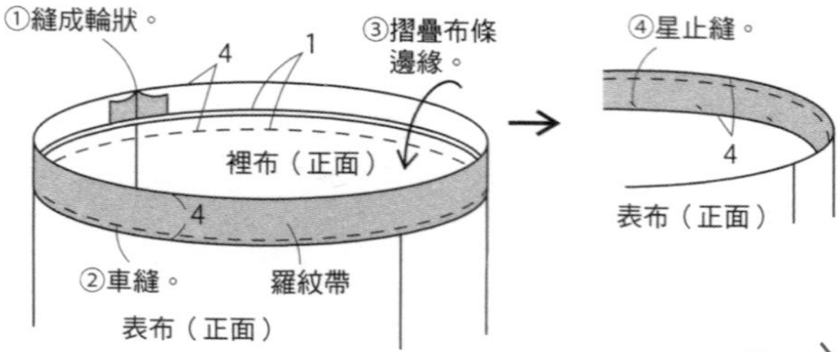

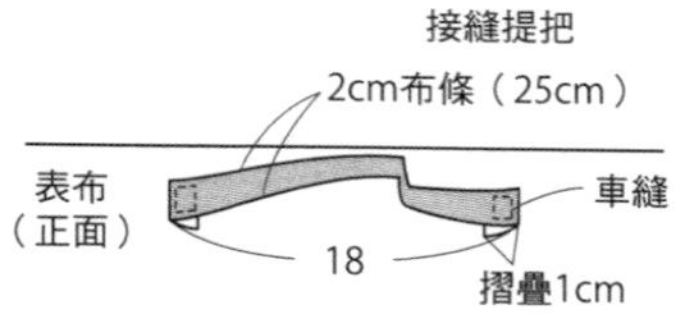

原寸圖案

一律為Anchor 25號繡線
403・2股
除了指定處之外皆為回針繡

no. 35

P.035

鍋耳隔熱套

材料

條紋亞麻布25×20cm、米褐色鬆餅布25×20cm、鋪棉25×80cm、直徑0.5cm米褐色棉繩20cm、Anchor25號繡線403適量

作法

1 於表布進行刺繡。
2 1與裡布各自疊上鋪棉後正面相對疊合。預留返口，車縫周圍，再翻至正面。
3 自返口塞入鋪棉（依鋪棉厚度調整使用張數）。包夾棉繩，縫合返口。

本體 ※除了指定處之外的縫份為1cm

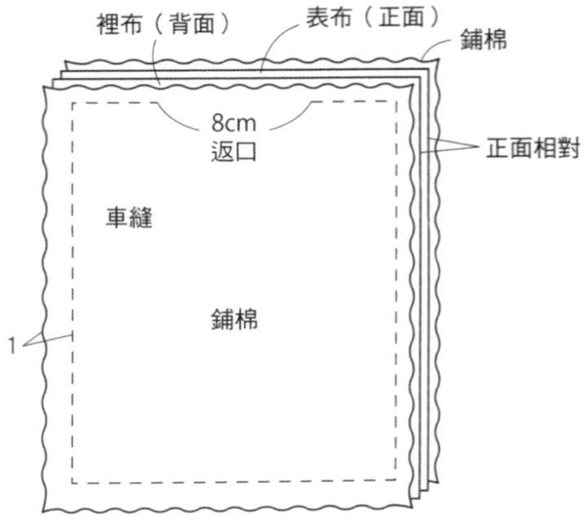

完成圖

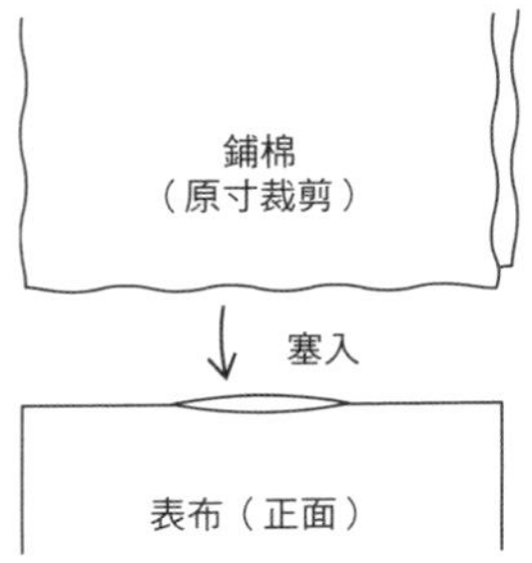

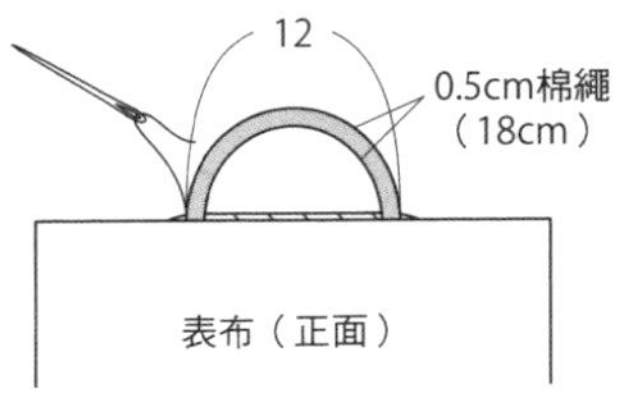

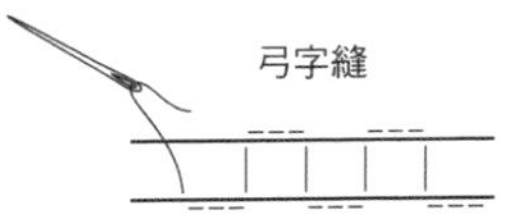

原寸圖案

一律為Anchor25號繡線403・2股
除了指定處之外皆為回針繡

no. 40

P.038

花朵刺繡束口袋

材料

米褐色亞麻布30×50cm、花卉棉布30×50cm、DMC25號繡線各色・8號繡線841各適量

作法

1 於本體前側的亞麻布進行刺繡。

2 本體與裡袋正面相對疊合，車縫袋口。製作兩組。

3 將步驟 2 中作好的兩組展開，本體與本體、裡袋與裡袋各自正面相對疊合，預留脇邊的穿繩口與裡袋底的返口後車縫周圍。

4 車縫本體底・裡袋底的側身（共四處），翻至正面。

5 製作穿繩口，並於本體袋口邊進行回針繡。

6 以藏針縫縫合裡袋底的返口。

7 製作兩條撚繩，交錯穿入後於前端打結。

本體（2片）　※縫份1cm

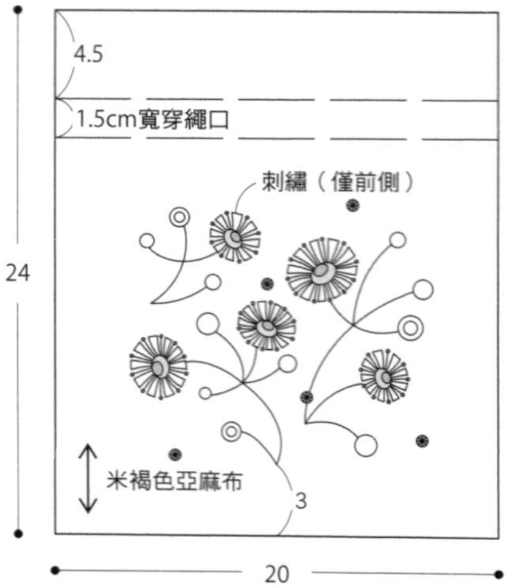

裡袋（2片）

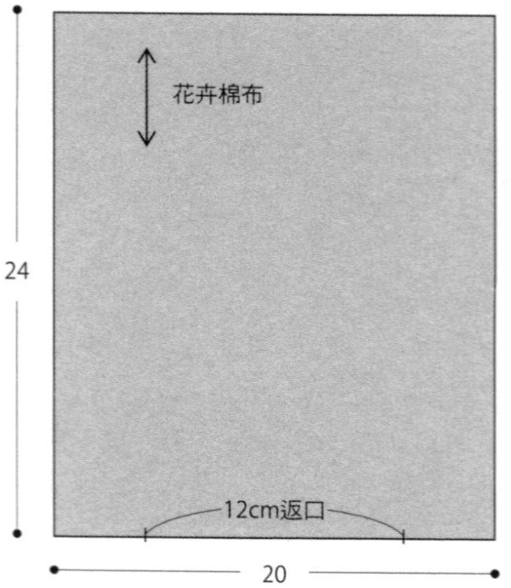

製作撚繩

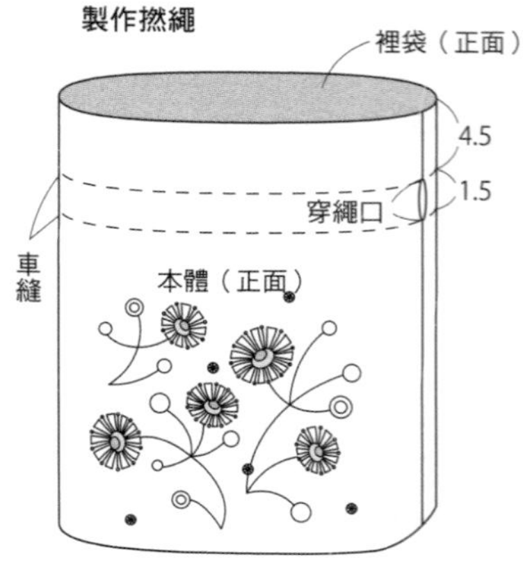

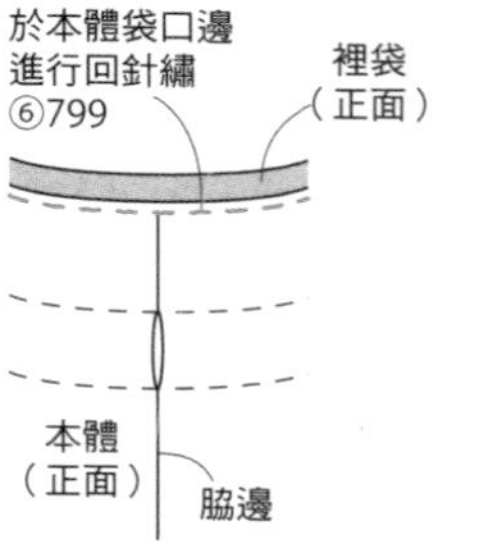

組裝

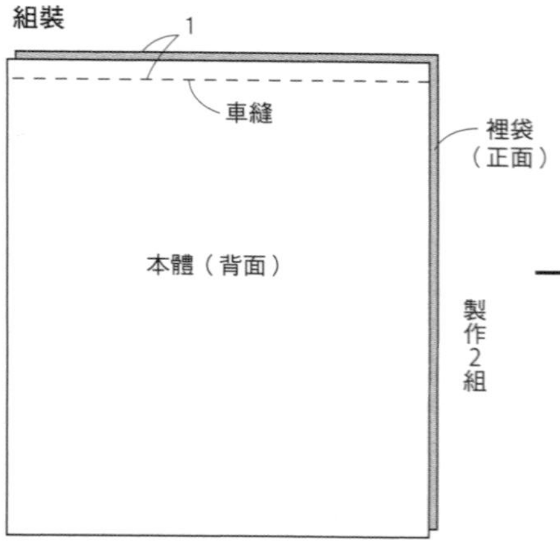

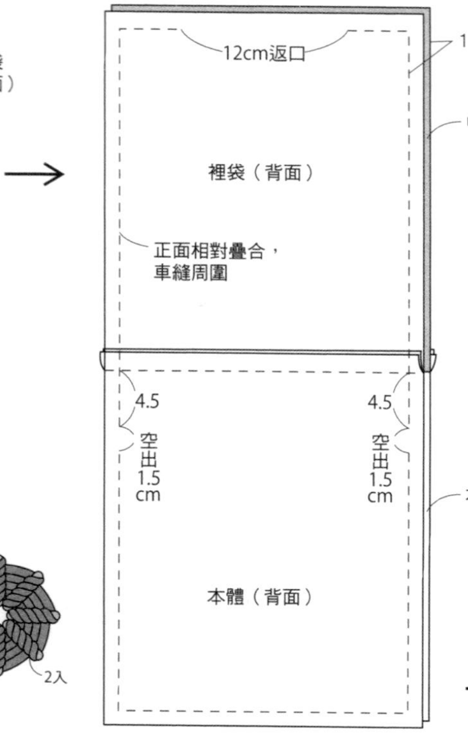

蛛網繡

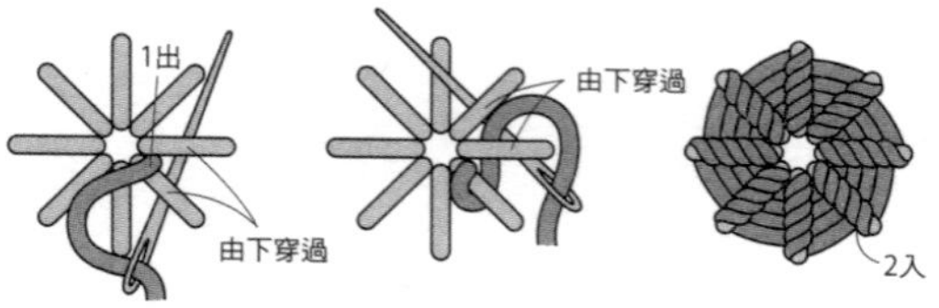

車縫四角的側身

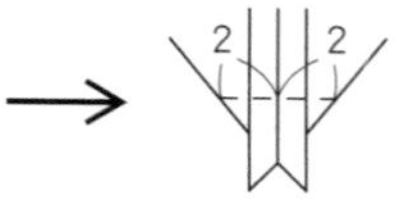

原寸圖案

一律為DMC25號繡線
除了指定處之外皆為3股・以輪廓繡填滿

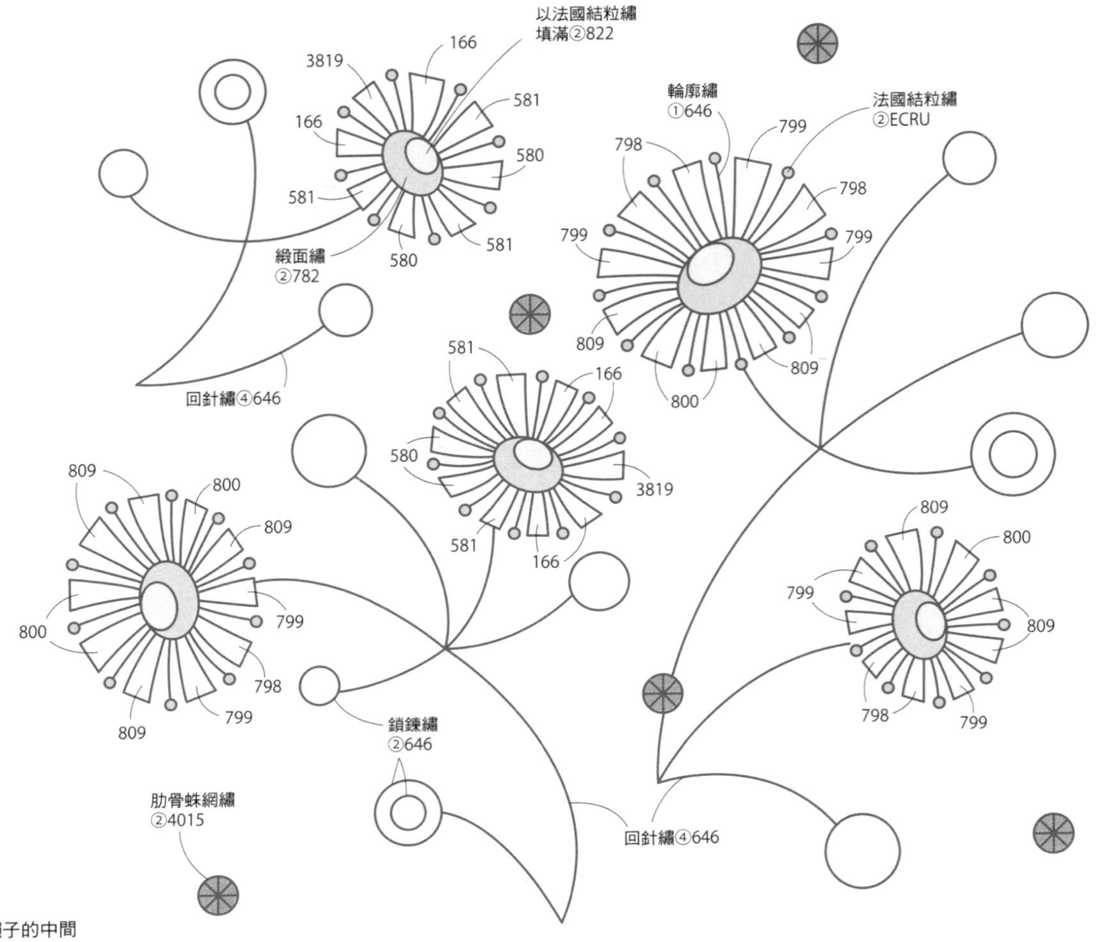

撚繩作法

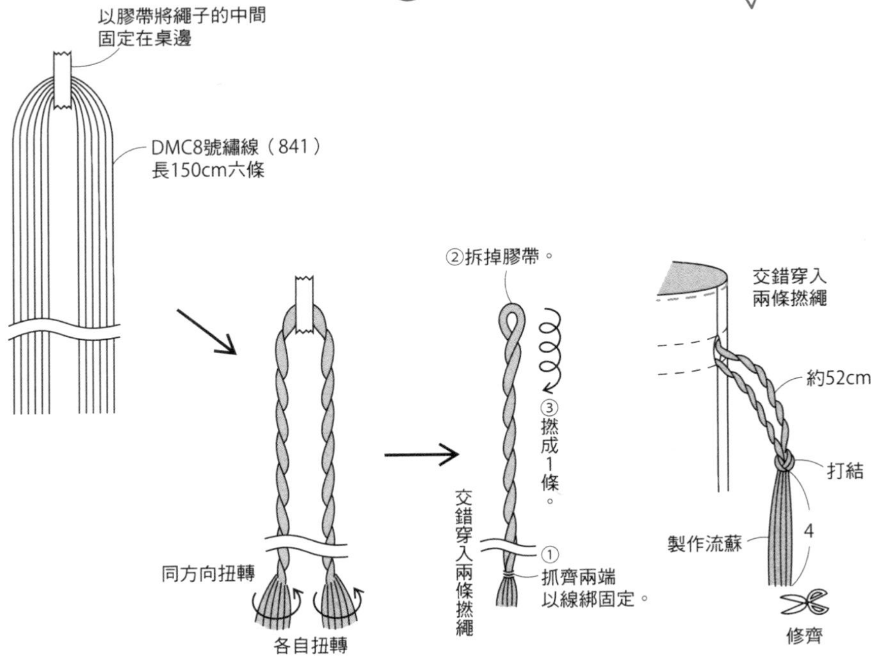

完成圖

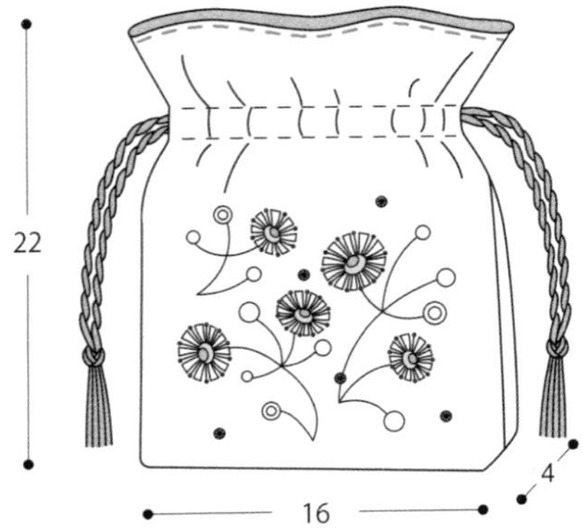

no. 41

P.038

護照套

材料（1件的用量）

米褐色亞麻布35×20cm、花卉棉布35×20cm、直徑1.5cm鈕釦1顆、DMC25號繡線各色・8號繡線841各適量

作法

1 於表布的袋蓋進行刺繡。
2 1與裡布正面相對疊合，車縫護照置入口。
3 參考圖示摺疊，並車縫兩脇邊。
4 將步驟3翻至正面，以藏針縫將返口縫合。
5 在袋蓋的表布端中心製作線環，並進行釦眼繡。
6 縫上鈕釦。

★ 原寸圖案 → P.074

本體

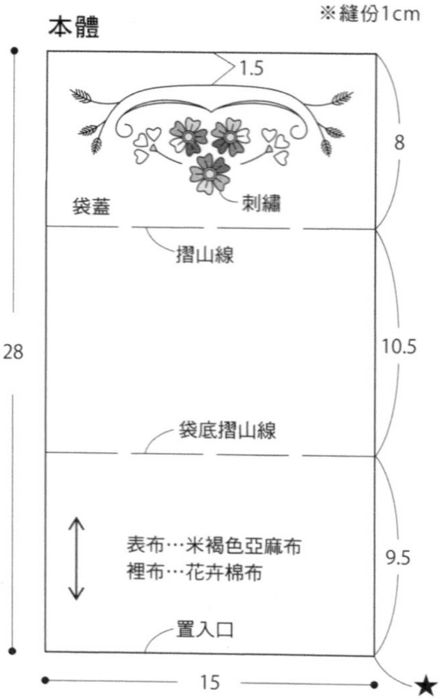

車縫置入口

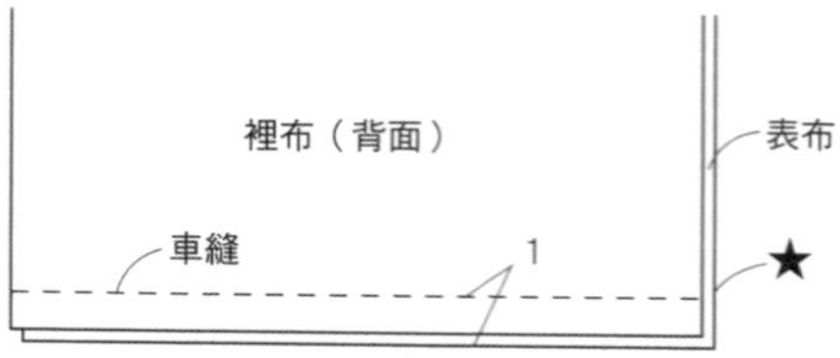

摺疊並車縫脇邊

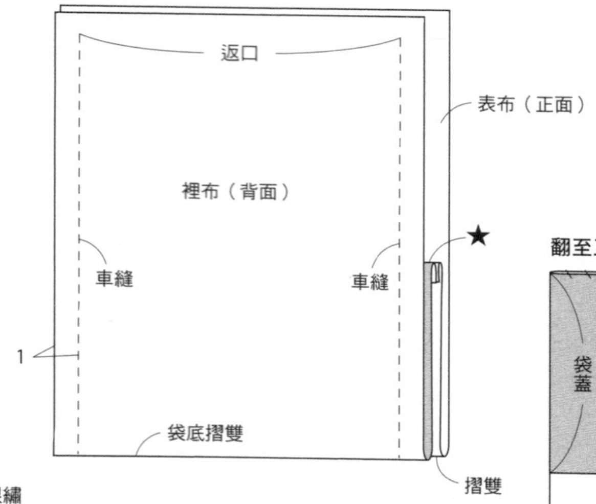

翻至正面

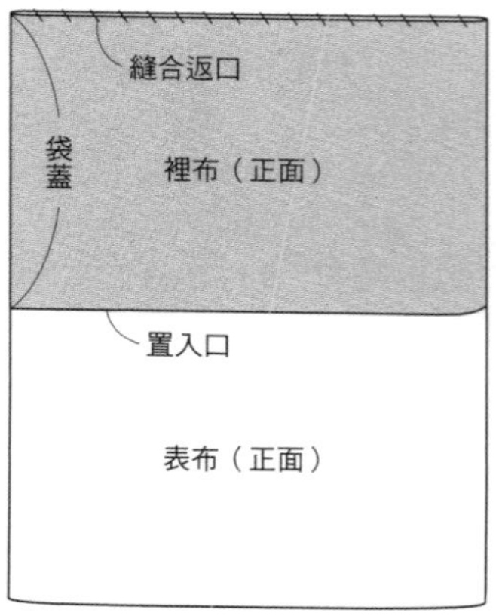

處理袋蓋端

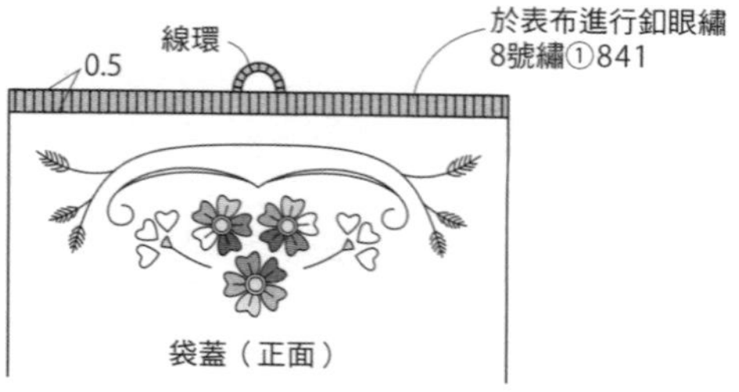

線環作法

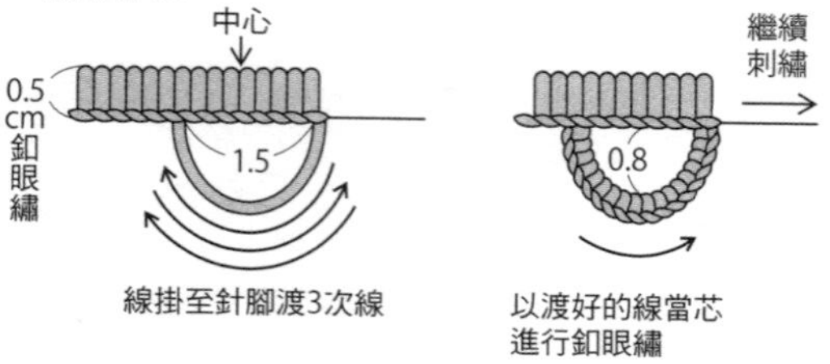

完成圖

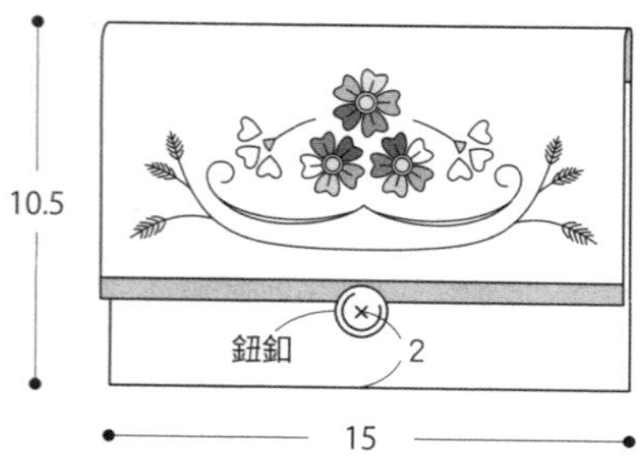

原寸圖案

no. 46 P.042

一律為OLMPUS 25號繡線850　除了指定處之外皆為2股・輪廓繡

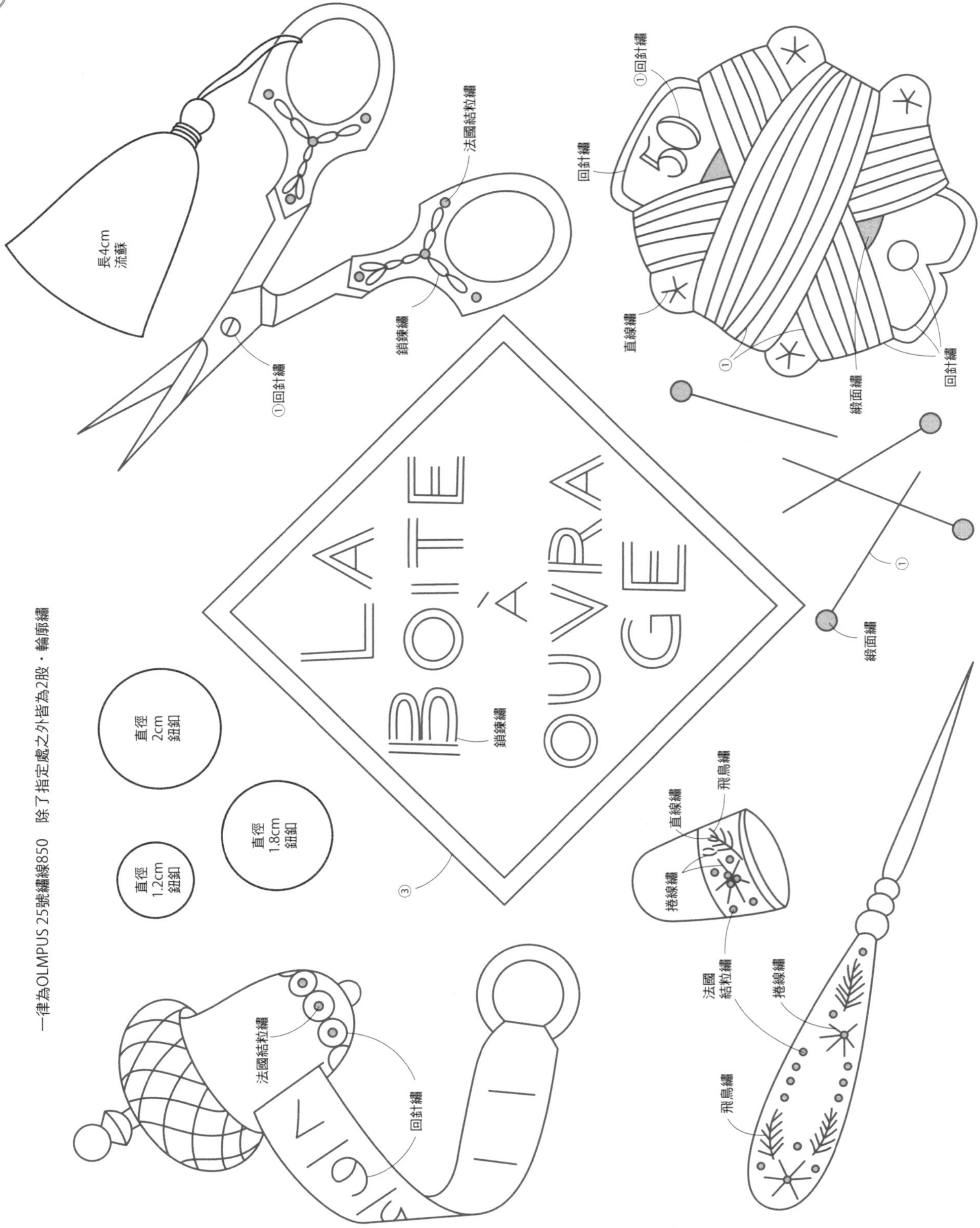

no.
44

P.040

束口袋

材料（1件的用量）

水藍色亞麻布60×30cm、素色棉布60×30cm、印花棉布35×30cm、寬1cm緞帶160cm、FUJIX MOCO繡線各色適量

作法

1 於亞麻布進行刺繡。
2 將口布兩脇邊的縫份摺向裡側進行裝飾車縫。製作2片。
3 本體上下側（袋口側）與步驟 2 正面相對疊合車縫，翻至正面進行裝飾車縫。
4 於袋底中心摺疊本體，正面相對車縫兩脇邊。裡袋作法亦同。
5 本體與裡袋背面相對重疊，口布背面相對摺疊，縫合固定於裡袋。
6 本體翻至正面。車縫用來穿入束口繩的口布，預留穿繩口，縫合上下側。
7 兩條緞帶交錯穿入口布後打結。

本體（裡袋同尺寸） ※縫份1cm

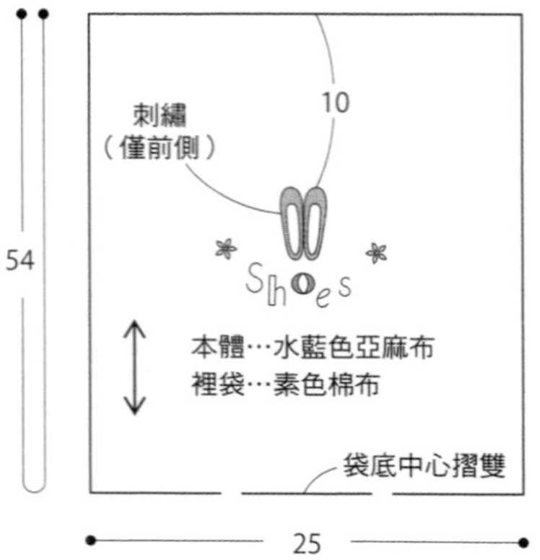

口布（2片）

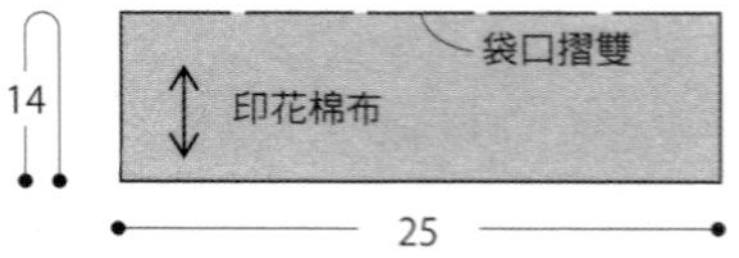

製作本體

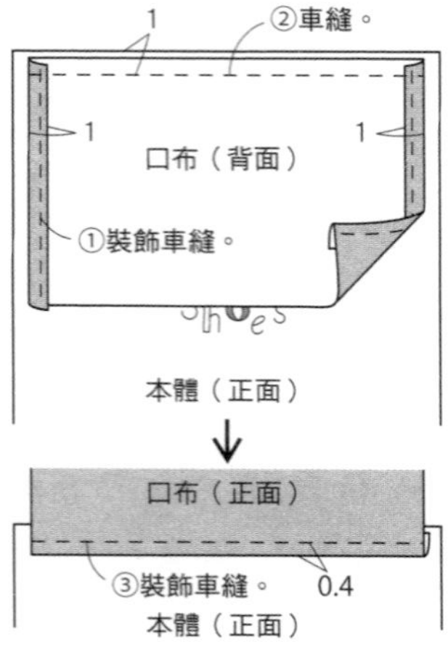

另一側作法亦同。

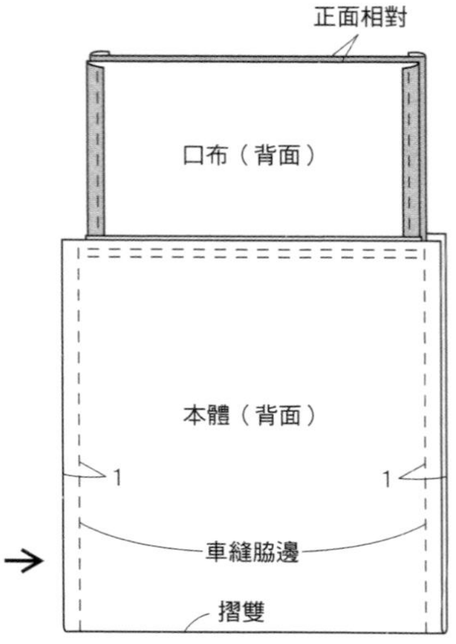

製作裡袋

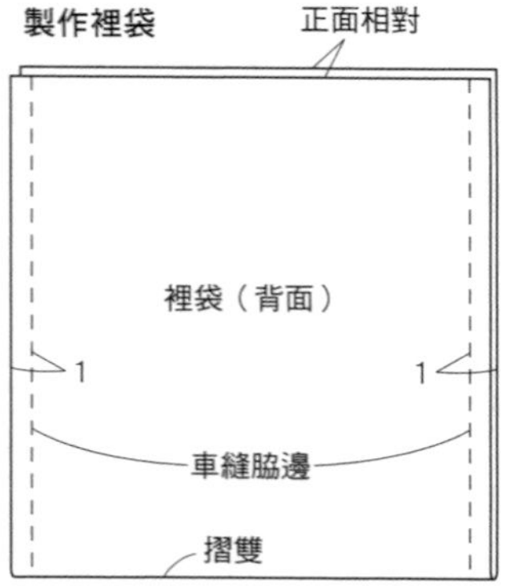

製作穿繩通道

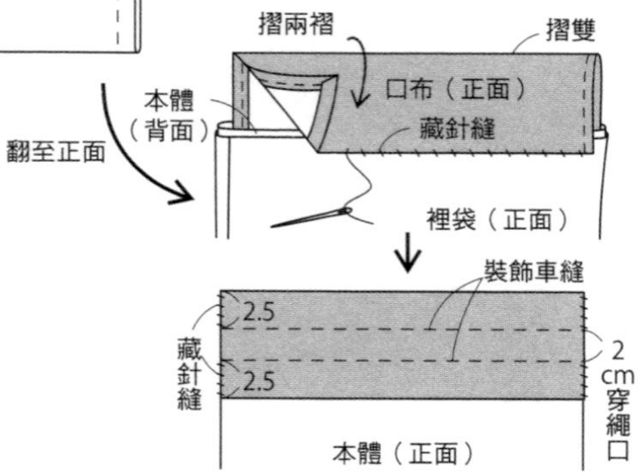

完成圖

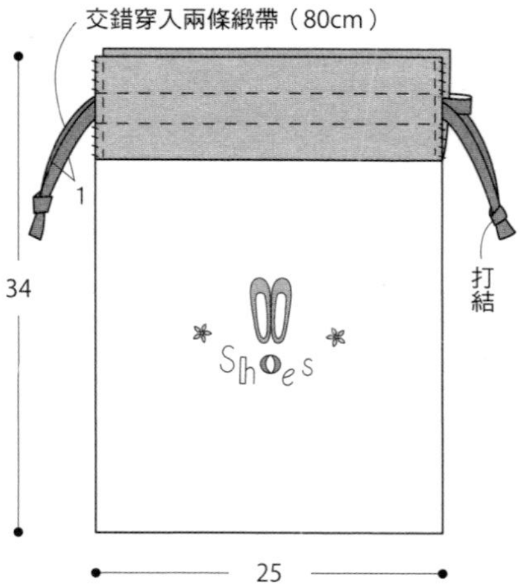

原寸圖案

一律為FUJIX MOCO繡線1股
除了指定處之外的法國結粒繡皆繞2圈

髮辮繡

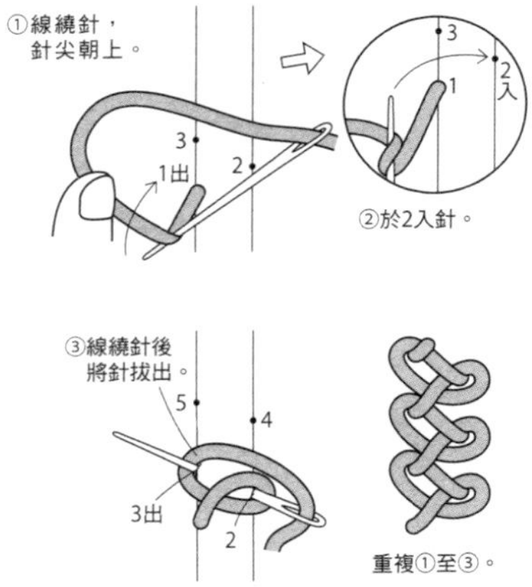

一律為FUJIX MOCO繡線1股
除了指定處之外皆為810
法國結粒繡皆繞1圈

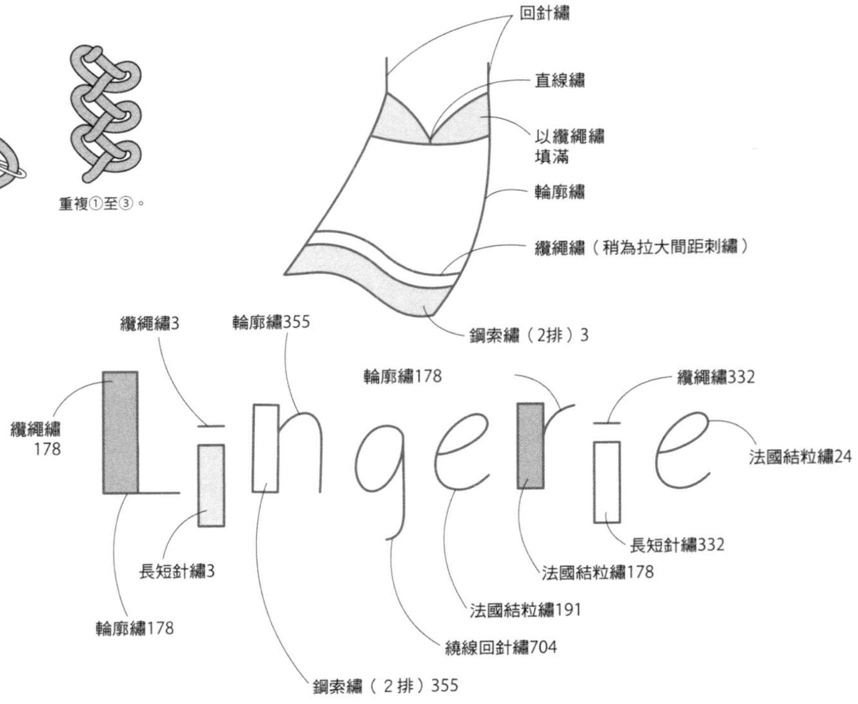

no. 47 no. 48

P.042

剪刀套

No.47 材料

原色棉布・印花棉麻布各10×10cm、寬1.5cm量尺圖案緞帶・寬0.4cm平織帶各20cm、化纖棉適量、Olympus25號繡線900適量

作法　參考圖示製作。

針插

No.48 材料（原色・1件的用量）

原色棉布・印花布棉麻布各20×15cm、厚紙15×20cm、鋪棉・厚不織布各15×10cm、鈕釦…直徑1.2cm 6顆・直徑1cm 5顆、寬0.4cm平織帶50cm、寬0.4cm緞帶25cm、直徑0.4cm珍珠串珠・大頭針（或珠針）各適量、Olympus25號繡線900適量

作法　參考圖示製作。

★ No.48原寸圖案 → 作品圖案Ⓐ面

no. 47 **本體**
（前側・後側各1片）

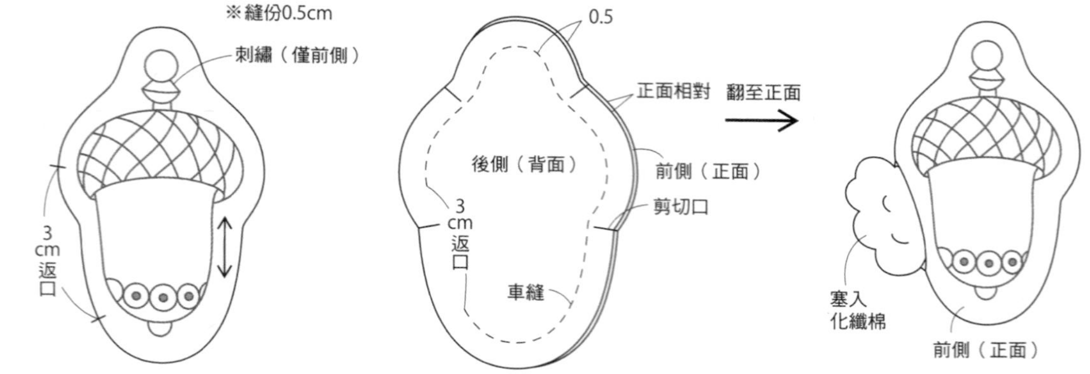

前側…原色棉布
後側…印花棉麻布

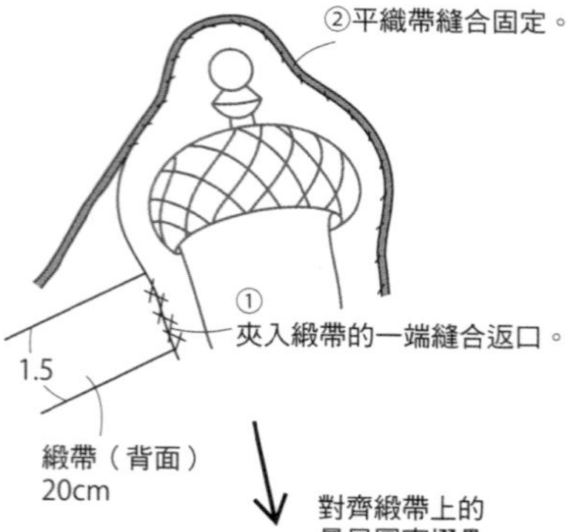

原寸圖案

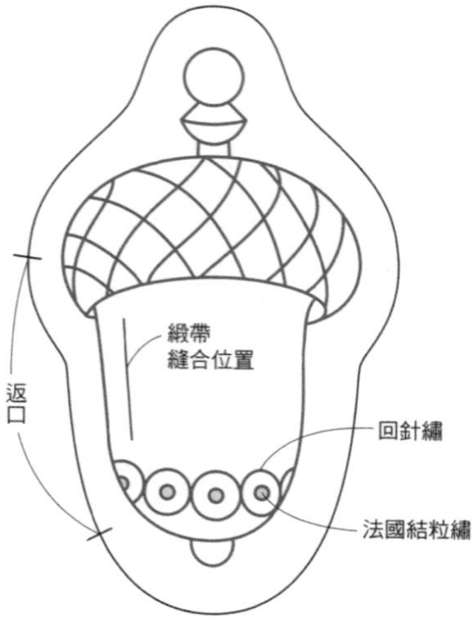

一律為Olympus25號繡線900・2股
除了指定處之外皆為輪廓繡

完成圖

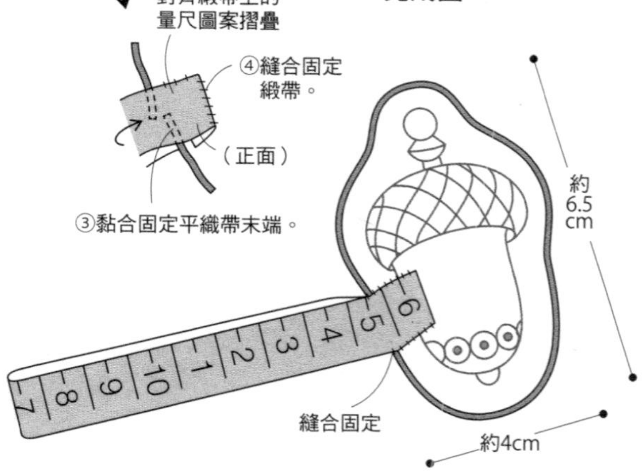

no. 48

本體
（前側・後側各1片）

※縫份1cm

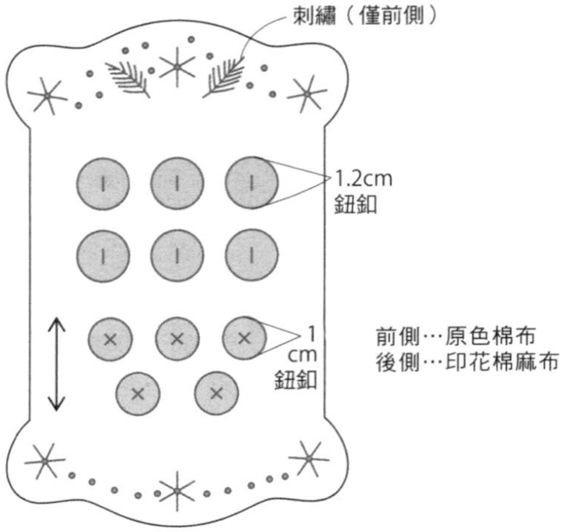

厚紙
（2片・原寸裁剪）

將布貼至厚紙上

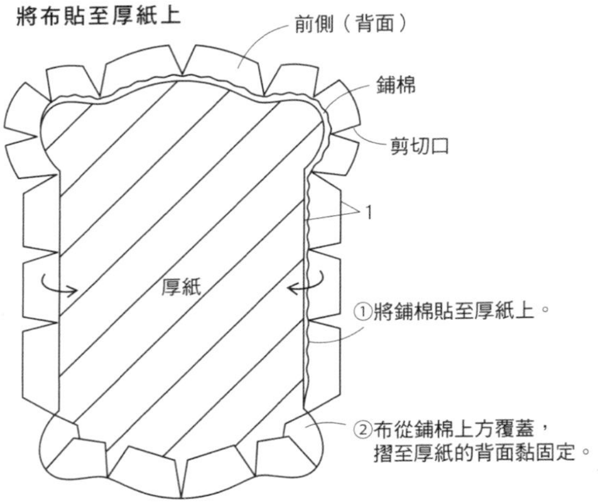

（後側只有厚紙無鋪棉）

前側與後側背面相對疊合

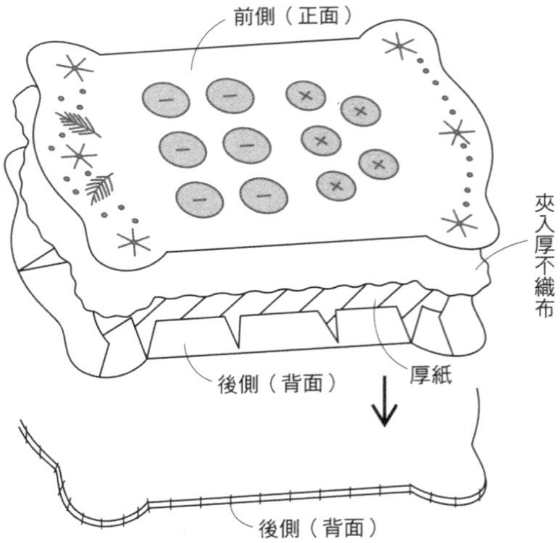

以平織帶遮住縫合部分

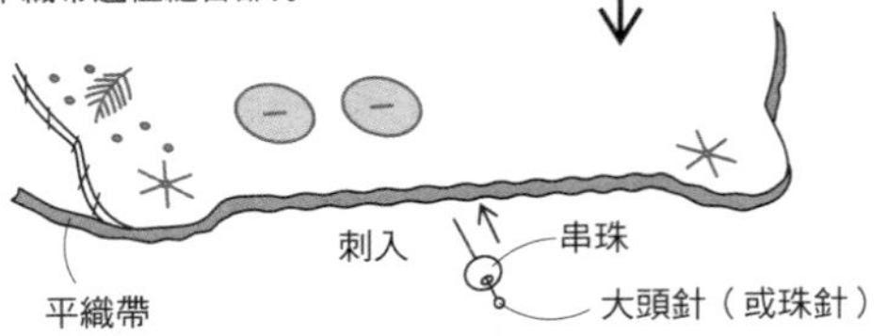

完成圖

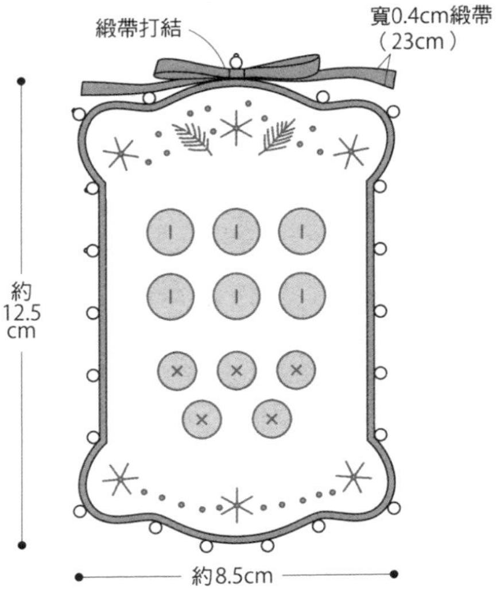

no. 49

P.043

縫紉包

材料

米褐色亞麻布30×30cm、灰色亞麻布20×25cm、灰色不織布20×20cm、接著襯20×25cm、寬1cm布條15cm、直徑2.2cm包釦芯1個、OOE花線各適量

作法

1 於本體亞麻布進行刺繡。
2 步驟 1 的背面燙貼接著襯，摺疊周圍的縫份。以疏縫暫時固定摺成兩褶的布條。
3 將不織布口袋A・B與針插（重疊兩片）接縫於內側布。製作撚繩，中心縫合固定。
4 內側布的縫份向內摺，與本體背面相對進行藏針縫。
5 於亞麻布進行刺繡，製作包釦並縫至本體。

★ 原寸圖案 ─→ P.045

本體

※指定處之外的縫份為1.5cm

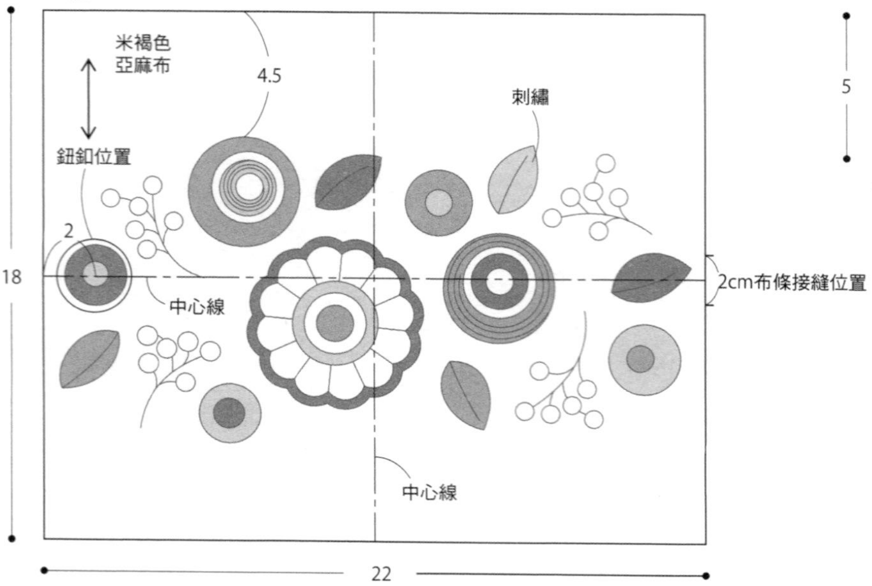

包釦
（原寸裁剪）

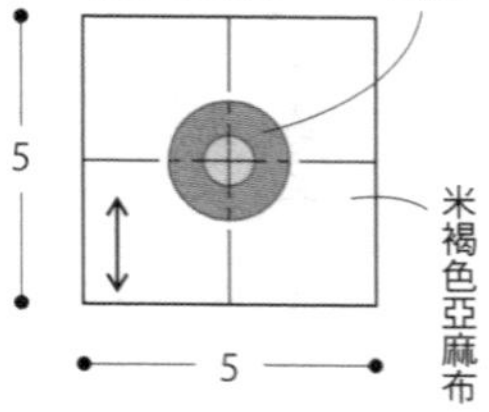

內側布

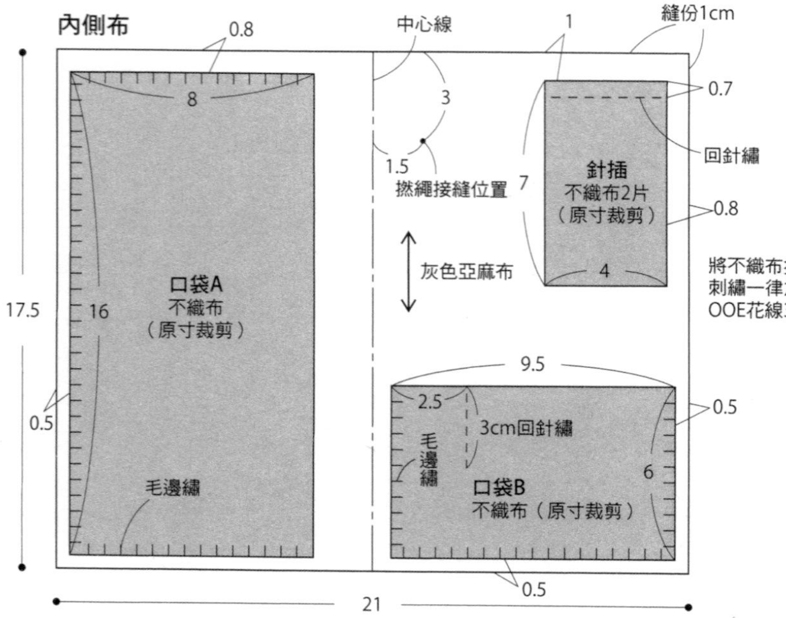

將不織布接縫於內側布
刺繡一律為
OOE花線314・2股

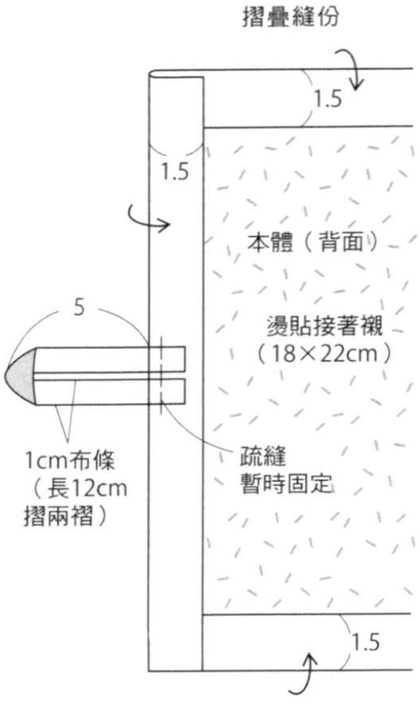

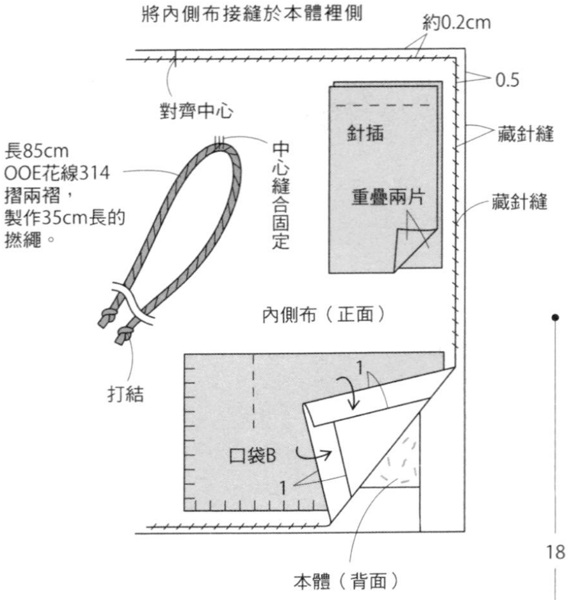

完成圖

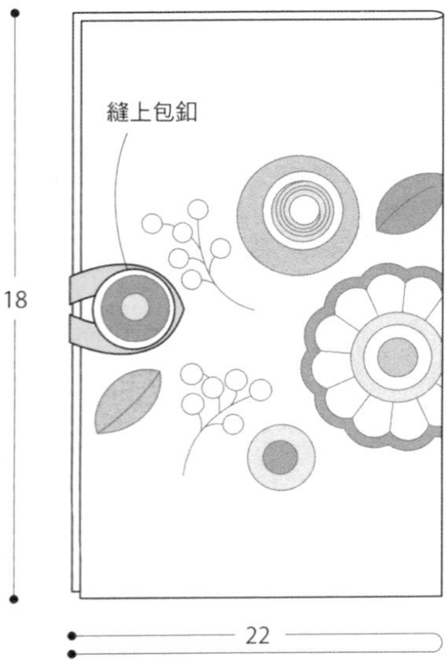

原寸圖案 52 P.043

一律為OOE花線
除了指定處之外皆為2股
鋸齒繡＝緊密鋸齒繡

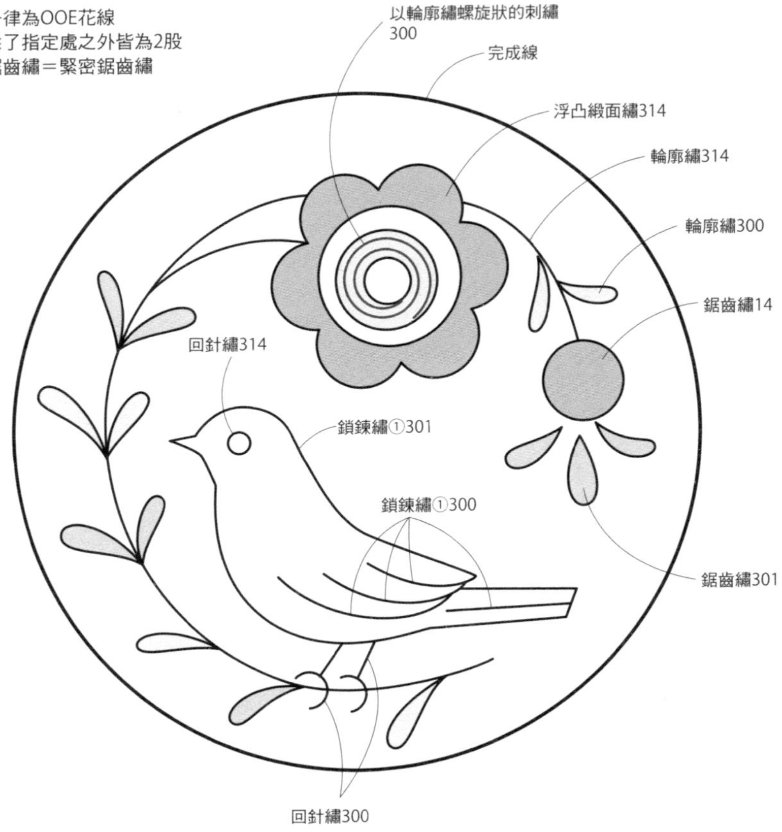

no. 54　no. 55

P.047

束口袋

材料（1件的用量）

白色亞麻布25×40cm、白色棉質歐根紗20×40cm、ART FIBER ENDO羊毛繡線各色適量

作法（共用）

1 於本體前側進行刺繡。

2 將步驟 1 與本體後側正面相對疊合，從止縫點縫至另一止縫點。

3 摺疊開口部分的縫份，於摺山線摺疊口袋。進行兩條裝飾車縫，製作穿繩通道。

4 兩片裡袋正面相對疊合，車縫脇邊至袋底，翻至正面。袋口縫份向內摺，與本體背面相對重疊。將裡袋的袋口以藏針縫固定於本體。

5 以羊毛繡線製作兩條撚繩（作品No.54是133與416，作品No.55是220與416）。由穿繩口交錯穿入撚繩，並於繩端接縫流蘇。

★ 原寸圖案 ─→ P.100

本體（2片）　※縫份1cm

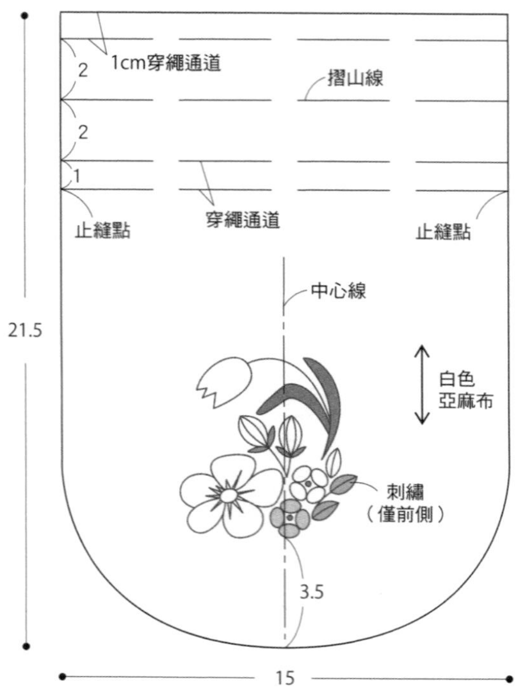

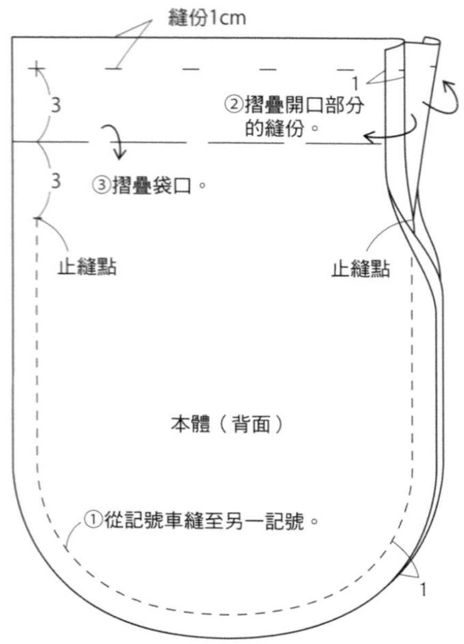

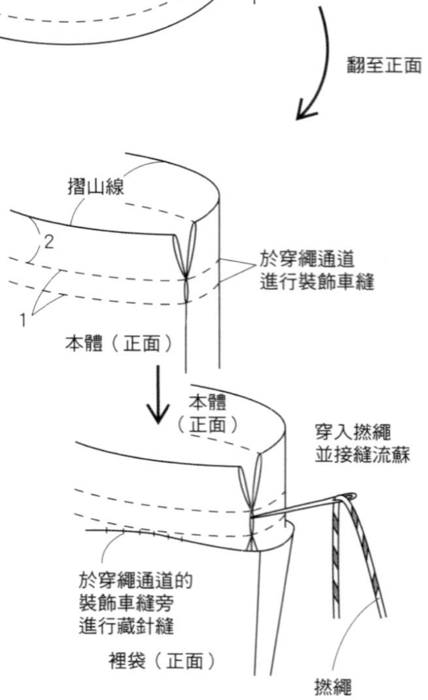

裡袋（2片）

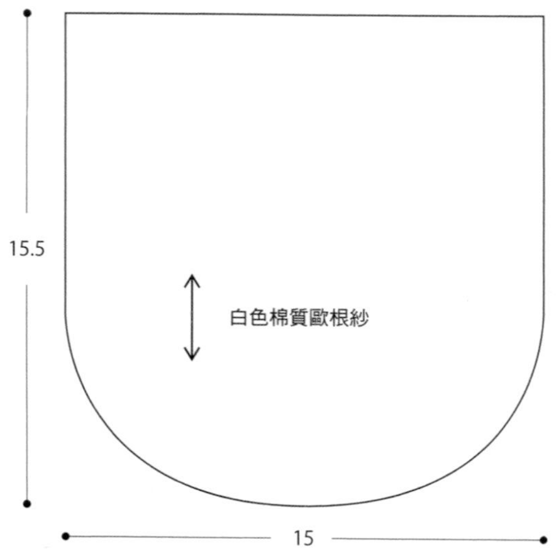

撚繩與流蘇作法
（使用ART FIBER ENDO羊毛繡線）
以S掛鉤
固定
①打結。
220
兩條
（129cm）
②摺雙穿入，抓齊兩端。
★摺雙
④對摺。
416
兩條
（129cm）
③朝同一個方向
扭轉成撚繩。
⑤打結。
兩種顏色繡線撚成一條
★摺雙
流蘇
3
厚紙
5.5
⑥將220繡線
繞35次。
⑦將撚繩
穿入流蘇。
⑧由穿繩口
穿入撚繩。
本體
（正面）
★
⑨針穿過撚繩的★處
與結眼。
與流蘇
同色
⑩以線
打結。
長
約44cm
拆下
厚紙
撚繩
⑪藏至結眼中。
⑫以線纏住後
將針刺入固定，
剪斷線。
1
⑬剪斷下方摺雙的線，
將線端修齊。
摺山線
穿繩通道
止縫點
止縫點
縮小50%的紙型
（放大200%使用）
完成圖
18.5
15
另一邊的穿繩口也穿入撚繩並接縫流蘇

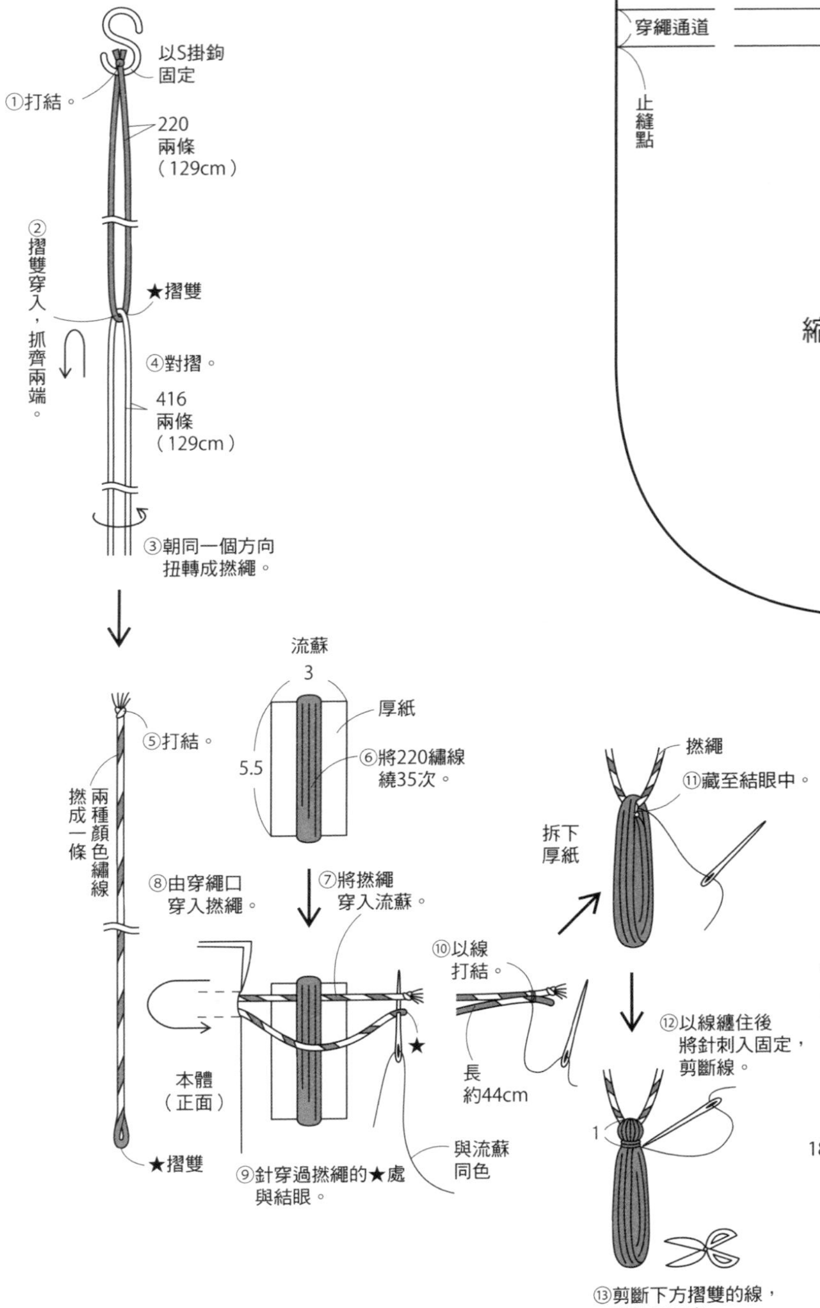

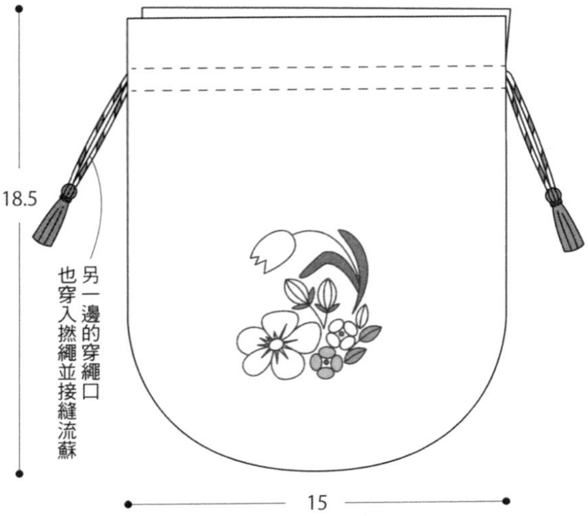

原寸圖案

一律為ART FIBER ENDO羊毛繡線　除了指定處之外皆為1股
除了指定處之外皆以輪廓繡填滿
O＝輪廓繡　L＝葉片繡　C＝8字結粒繡　F＝魚骨繡

no. 53
P.046

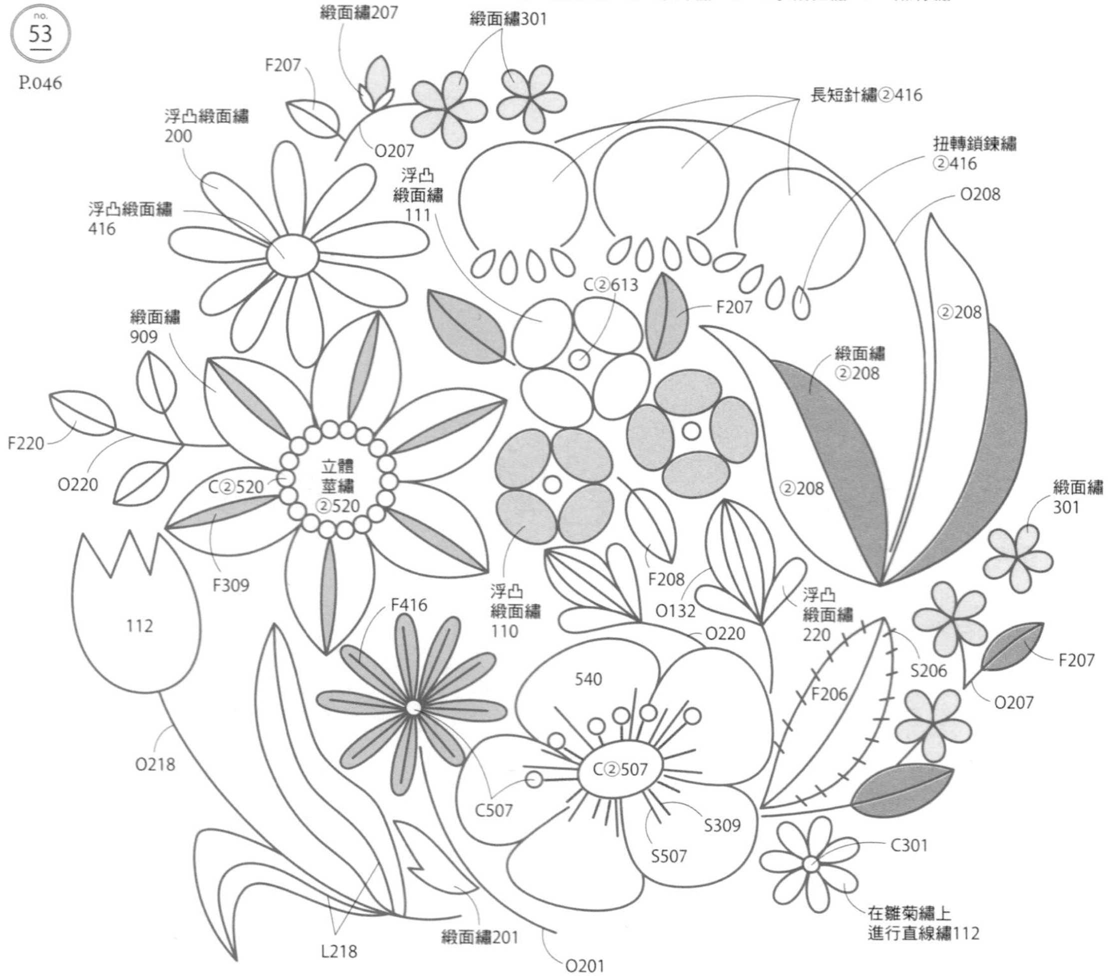

no. 55
P.047

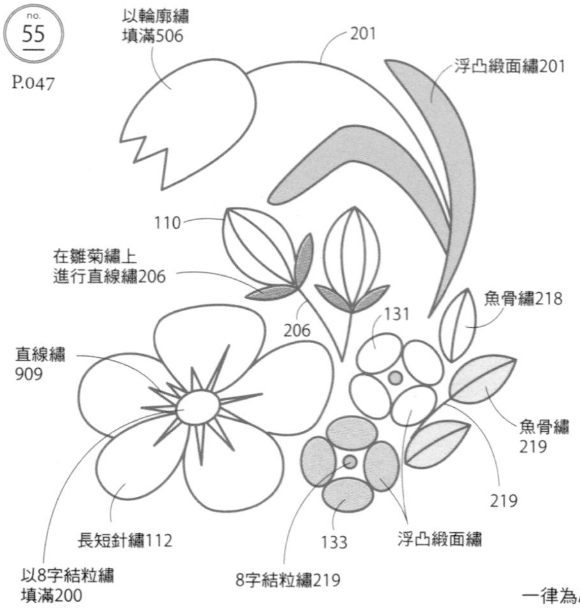

no. 54
P.047

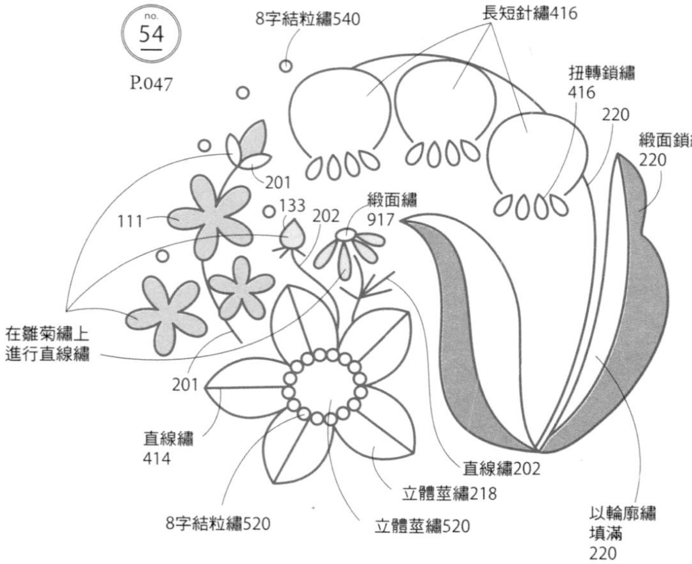

一律為ART FIBER ENDO羊毛繡線1股
除了指定處之外皆為輪廓繡

no.
69

P.059

卡片袋

材料（1件的用量）

綠色亞麻布15×30cm、米褐亞麻布15×25cm、格紋棉布15×20cm、接著襯15×20cm、OLYMPUS25號繡線各色適量

作法

1 在綠色亞麻布與米褐色亞麻布的背面燙貼接著襯後，正面相對疊合車縫。
2 於步驟1進行刺繡，製作本體表布。
3 將表布・裡布的兩脇邊摺三褶，進行裝飾車縫。
4 如圖摺疊表布，再與裡布面相對疊合車縫上下側。
5 翻至正面，整理形狀。

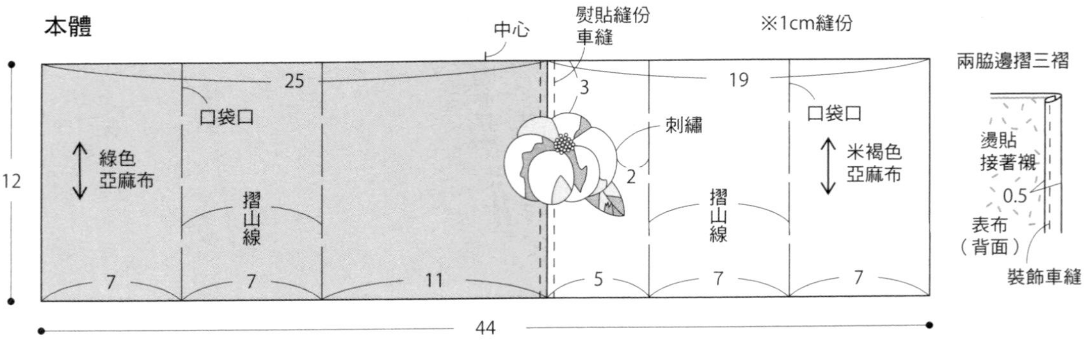

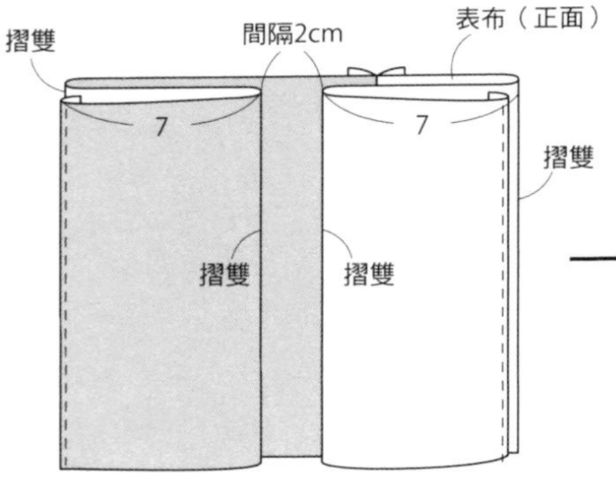

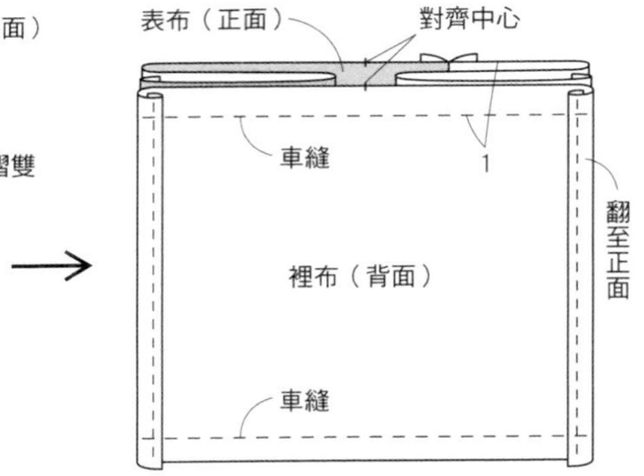

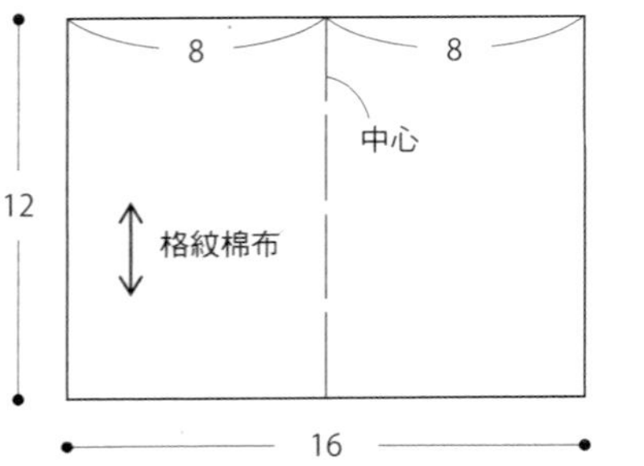

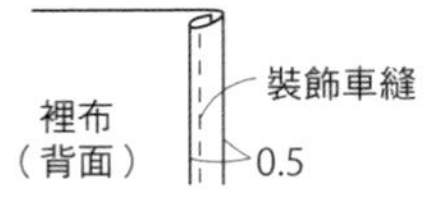

原寸圖案

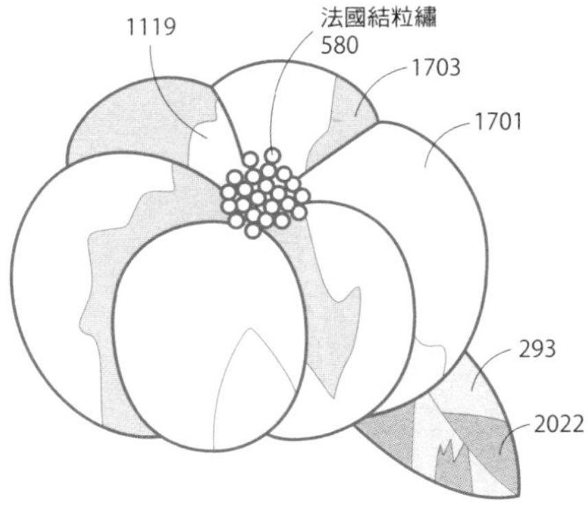

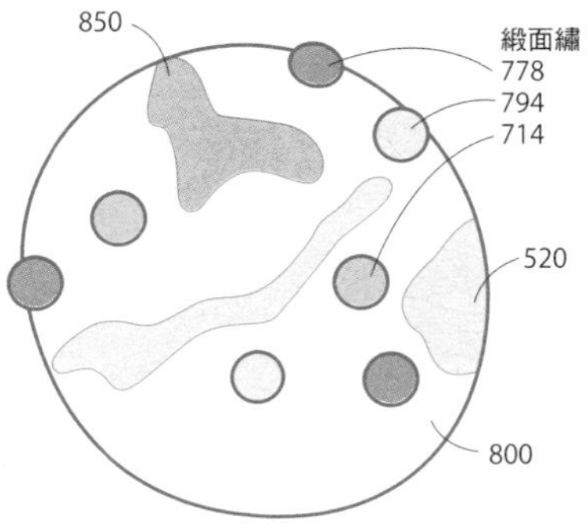

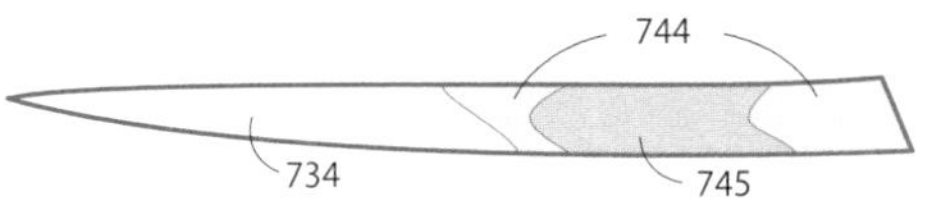

一律為OLYMPUS25號繡線3股
除了指定處之外皆為長短針繡

完成圖

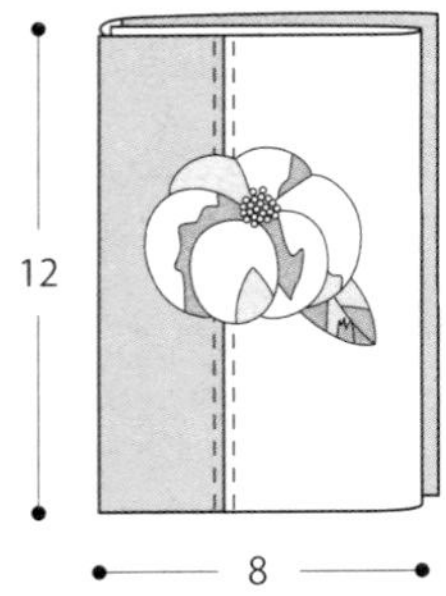

no. 58

P.050

萬聖節花環

材料

原色・綠色・灰色的不織布各適量、寬1cm緞帶50cm、麻繩適量、紙繩50cm、報紙2至3張、DMC25號繡線各色適量

作法

1 於原色不織布進行刺繡。以鋸齒剪刀修剪周圍。
2 將報紙捲成3cm粗圓筒，以膠帶（或紙膠帶）固定兩端，變成輪狀。再以麻繩不留空隙的纏捲，製作底座。
3 將不織布修剪成葉片形狀。
4 以不織布專用膠將葉子平衡黏至底座上。最上方穿入紙繩。
5 在葉片上黏貼裝飾圖案，最後再貼上緞帶蝴蝶結。

本體（7片）　※一律為原寸裁剪

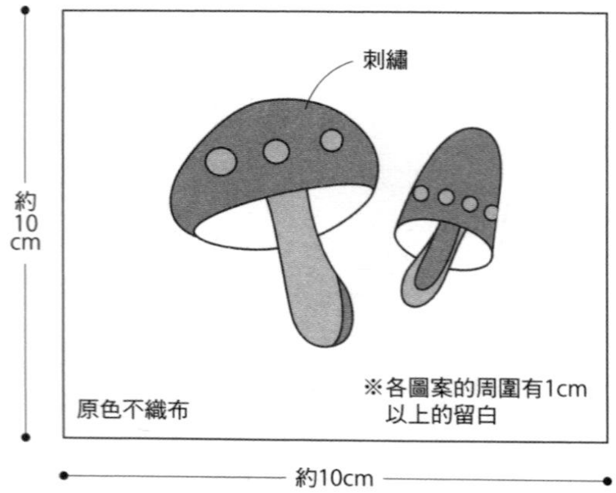

葉片・小（1片）

葉片・大（20片）

製作底座

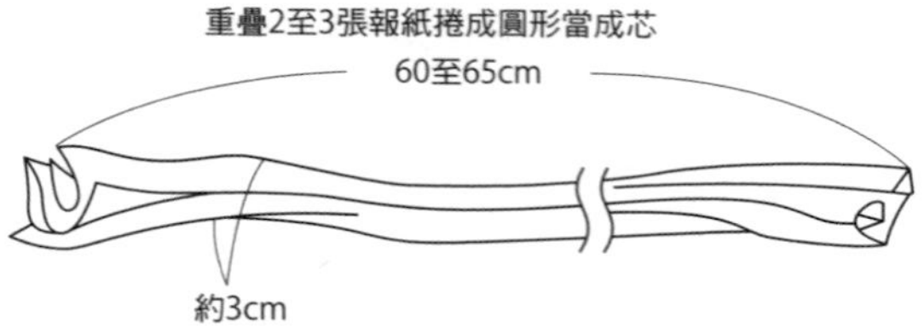

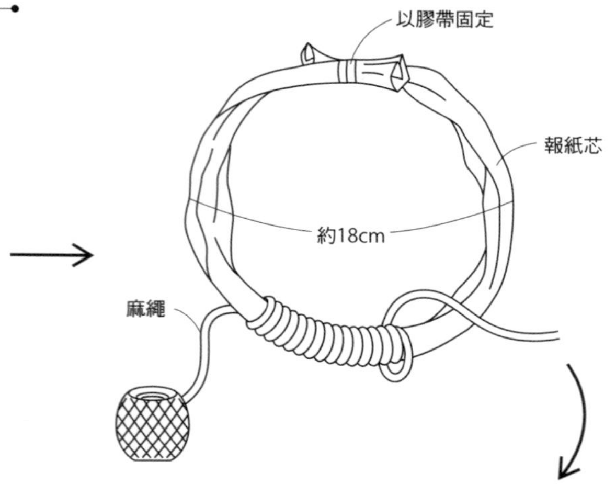

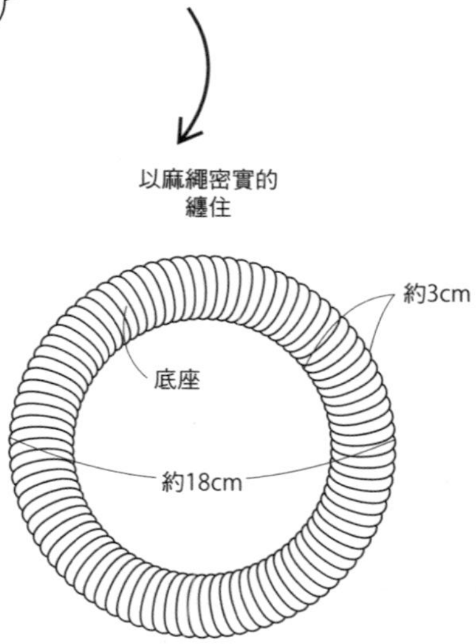

原寸圖案

一律為DMC 25號繡線
除了指定處之外皆為3股
法國結粒繡皆繞2圈

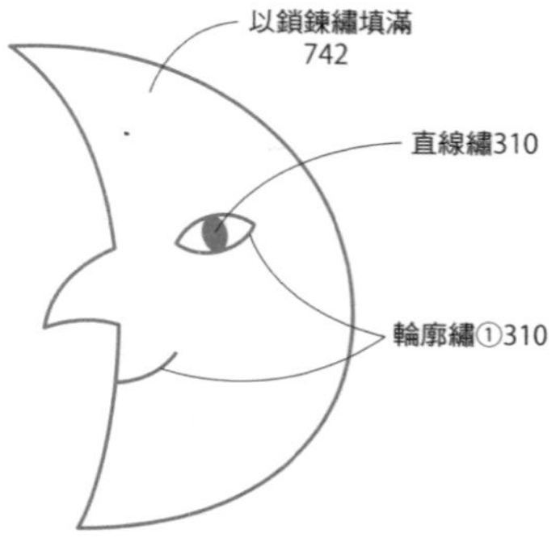

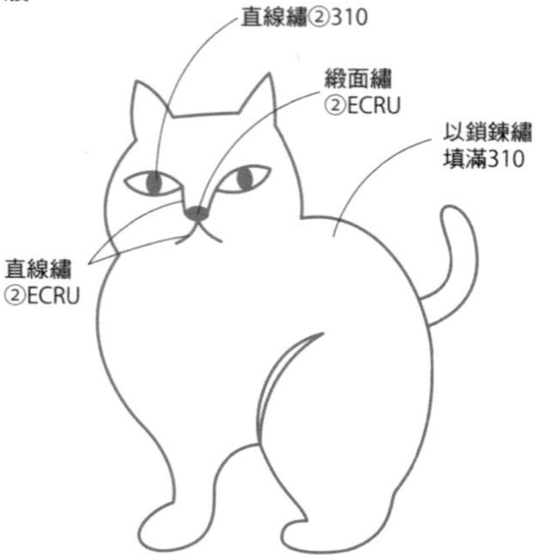

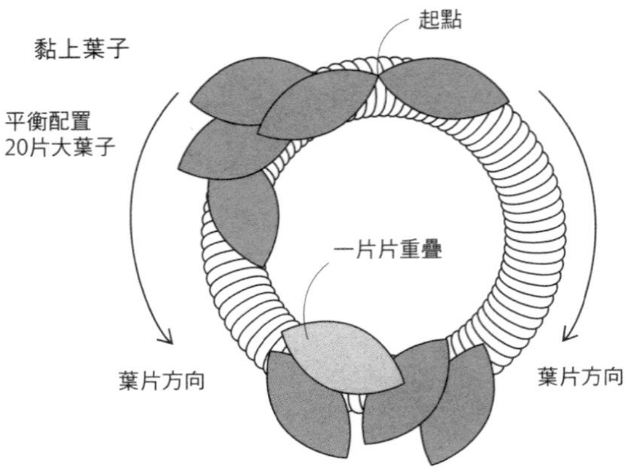
黏上葉子
起點
平衡配置
20片大葉子
一片片重疊
葉片方向
葉片方向

穿入紙繩
紙繩摺兩褶
（50cm）

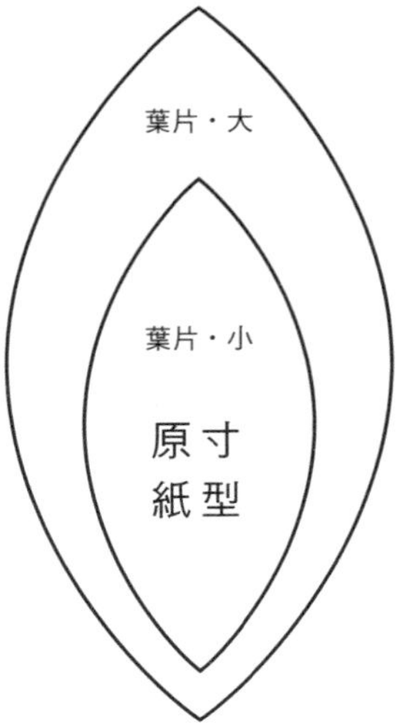
葉片・大
葉片・小
原寸
紙型

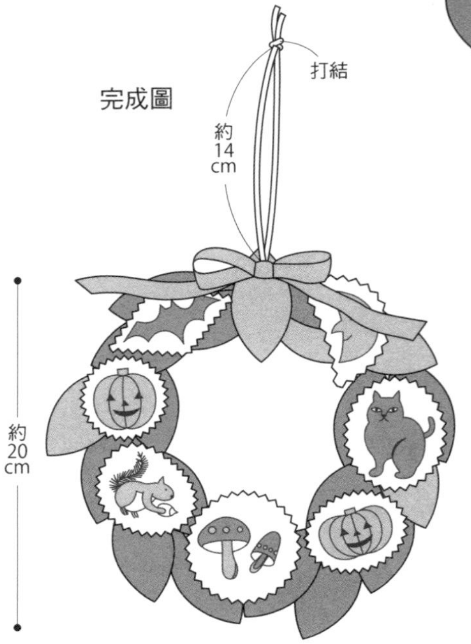
完成圖
打結
約
14
cm
約
20
cm

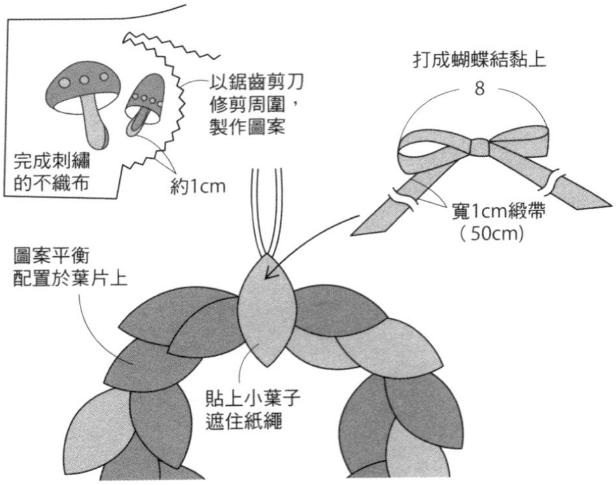
貼上蝴蝶結・圖案
以鋸齒剪刀
修剪周圍，
製作圖案
完成刺繡
的不織布
約1cm
打成蝴蝶結黏上
8
寬1cm緞帶
（50cm）
圖案平衡
配置於葉片上
貼上小葉子
遮住紙繩

原寸圖案

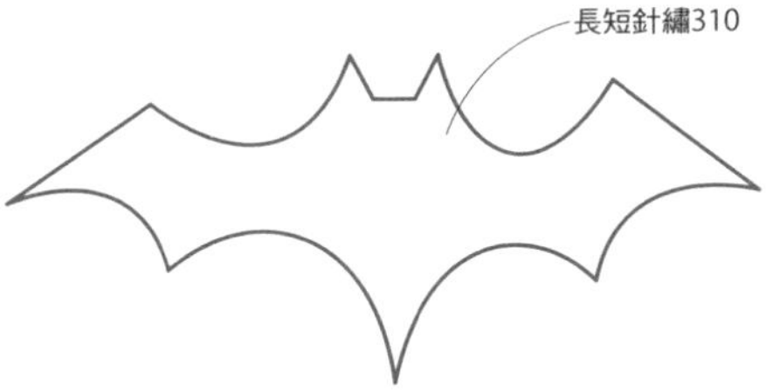
長短針繡310

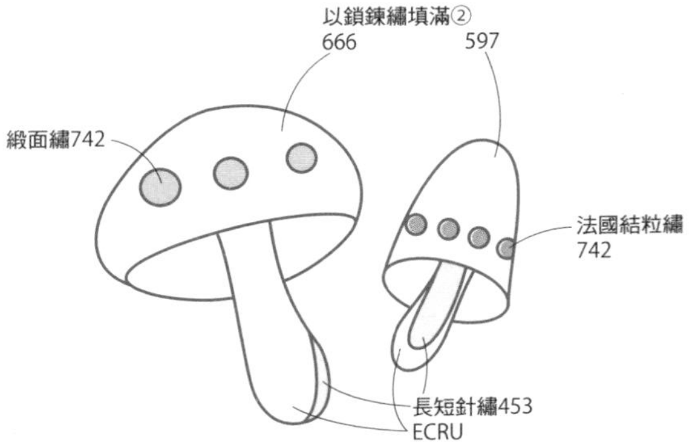
以鎖鍊繡填滿②
666
597
緞面繡742
法國結粒繡
742
長短針繡453
ECRU

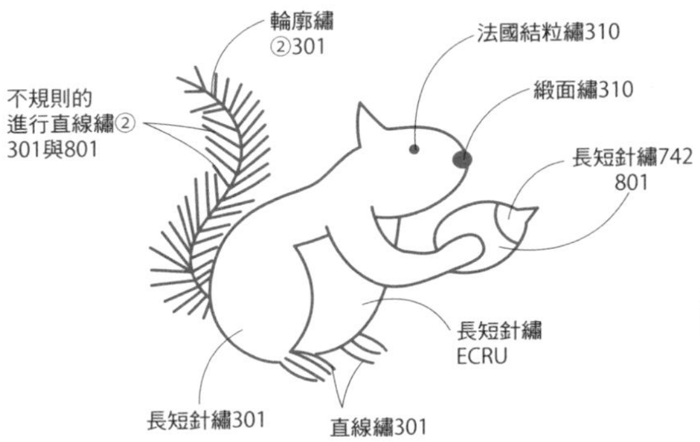
輪廓繡
②301
法國結粒繡310
緞面繡310
不規則的
進行直線繡②
301與801
長短針繡742
801
長短針繡
ECRU
長短針繡301
直線繡301

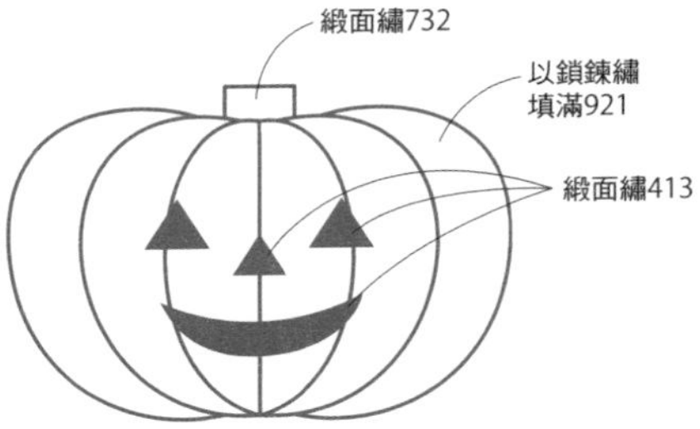
緞面繡732
以鎖鍊繡
填滿921
緞面繡413

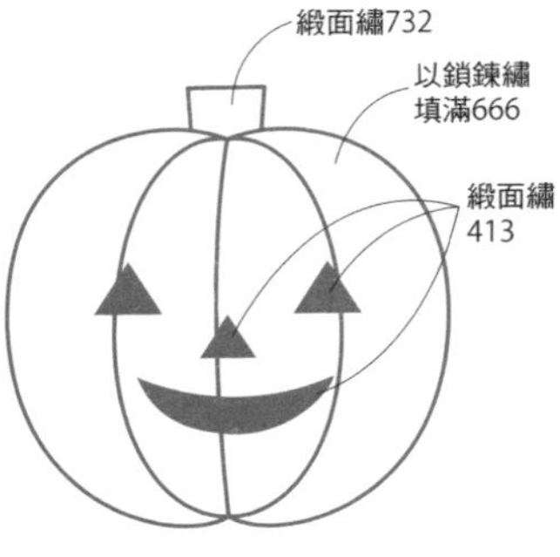
緞面繡732
以鎖鍊繡
填滿666
緞面繡
413

no. 59

P.051

萬聖節框飾

材料

藏青色亞麻布30×30cm、黃色不織布20×20cm、灰褐色不織布20×20cm 2片、寬2.5cm胸針托7個、內徑27×27cm本框1個（利用軟木塞板）、FUJIX MOCO繡線各色適量

作法（鑲框）

1 亞麻背景布的周圍三摺邊，進行疏縫。
2 將不織布貼布縫於背景布上，進行刺繡。
3 將２鑲至木框的內側，繃緊布面，周圍以捲針縫固定於木框上。
※胸針作法參考圖示。

★ 鑲框的原寸圖案 ⟶ 作品圖案Ⓑ面

鑲框 ※指定處之外的縫份為2cm

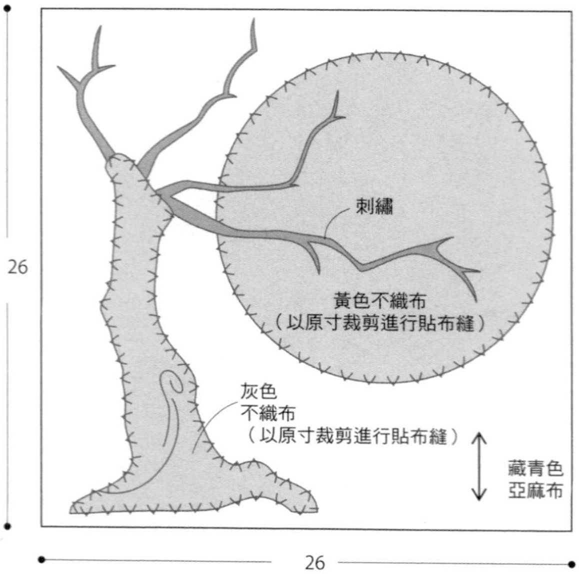

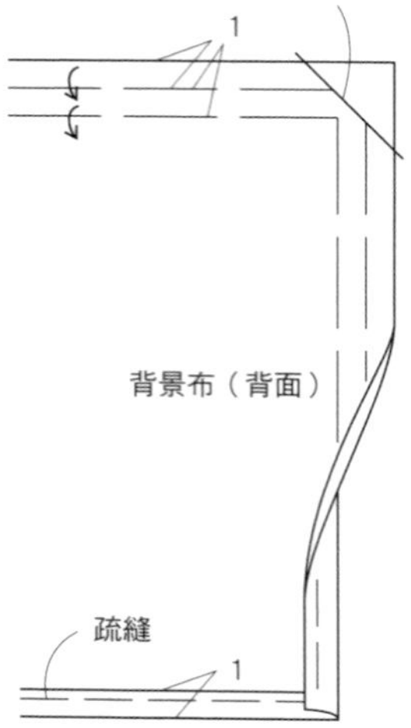

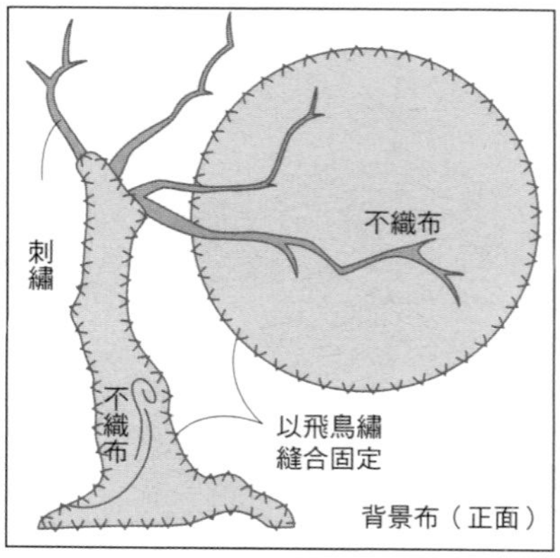

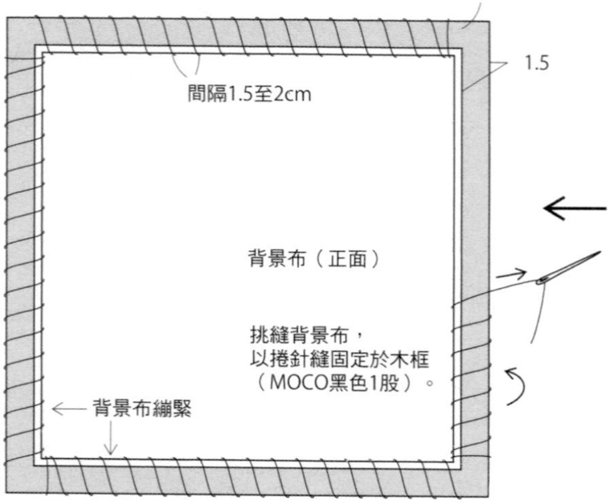

胸針
前側
①刺繡。
②粗裁。
圖案位置（反向）
後側
圖案位置（反向）
1.5
0.5
0.5
③剪切口。
藍褐色不織布（正面）
④胸針托穿入切口。
塗膠
⑤貼合前側與後側。
前側
背面
相對
⑥修剪
外側。
0.2
完成圖
約
3.3
cm
後側
胸針
原寸圖案
一律為FUJIX MOCO 繡線1股
除了指定處之外皆為黑色繡線
除了指定處之外皆為長短針繡
鎖鍊繡
鎖鍊繡
雛菊繡
緞面繡96
緞面繡
白色
回針繡
緞面繡23
23
緞面繡23
輪廓繡
完成圖
30
30
別上胸針

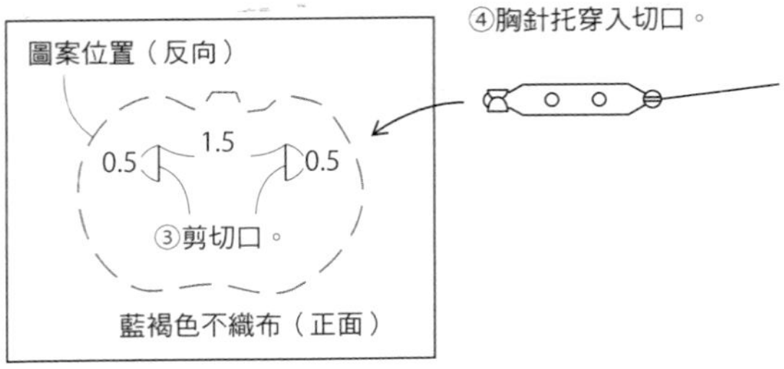

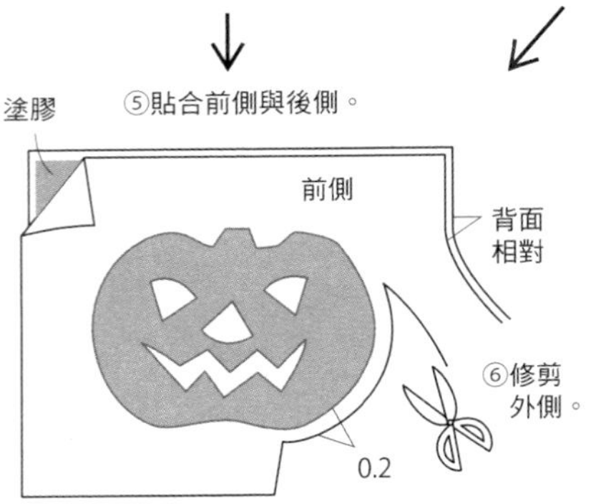

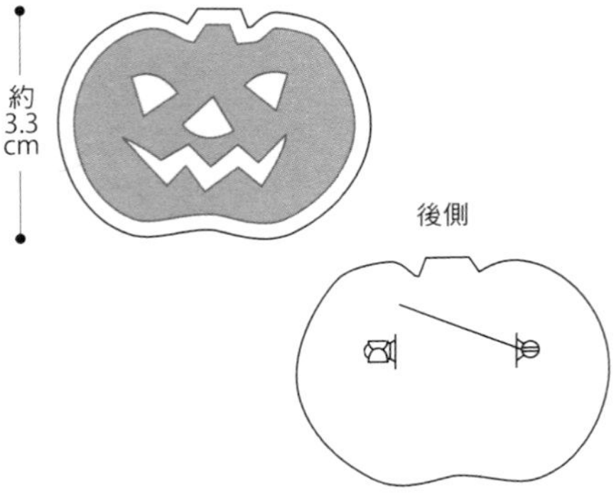

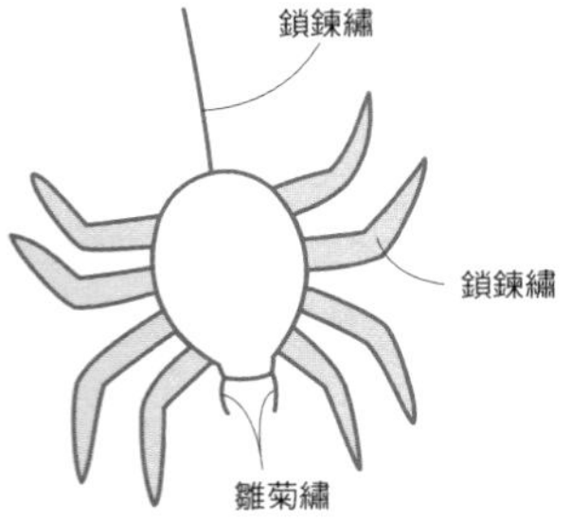

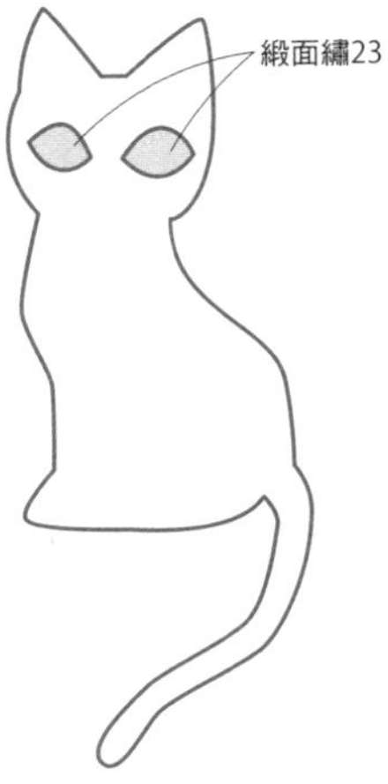

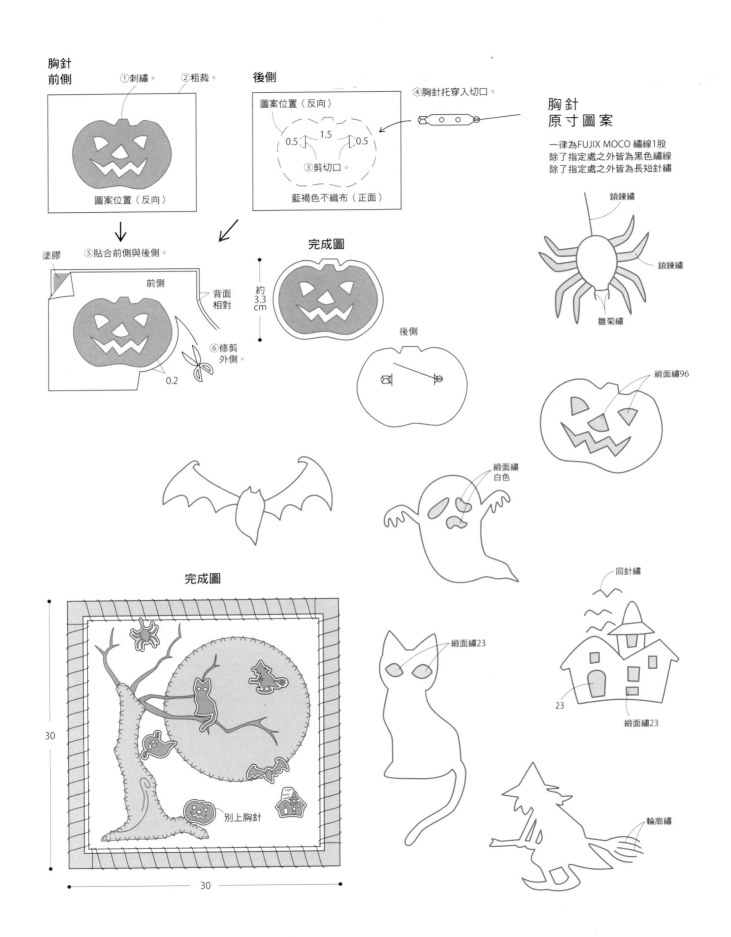

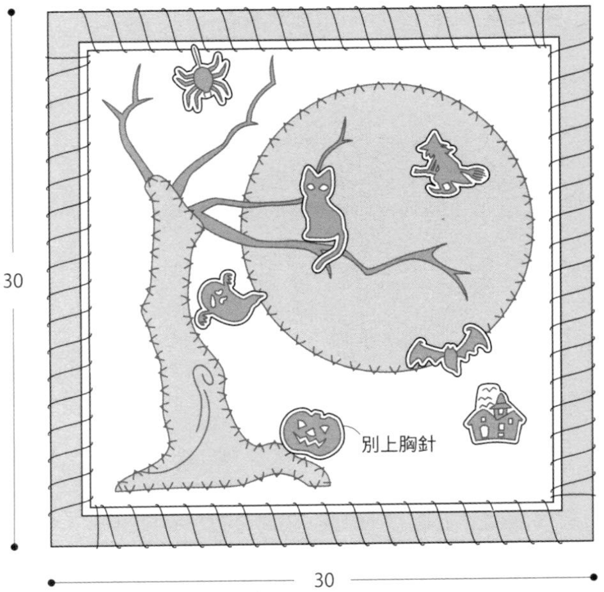

no. 63 no. 64

P.054

吊旗 將臨期蠟燭

材料

No.63…白色亞麻布15×25cm、白色歐根紗15×15cm、寬0.2cm鍊條100cm、亮片・小圓串珠各適量、DMC25號繡線各色・Diamant繡線D168各適量

No.64…（1件的用量）…DMC寬8cm亞麻布條32ct（12目／1cm）、直徑0.1cm繩子45cm、直徑6×高9cm蠟燭1根、DMC5號・25號繡線・Diamant繡線各色適量

作法

參考圖示製作。

★ No.64原寸圖案 ⟶ 作品圖案Ⓑ面

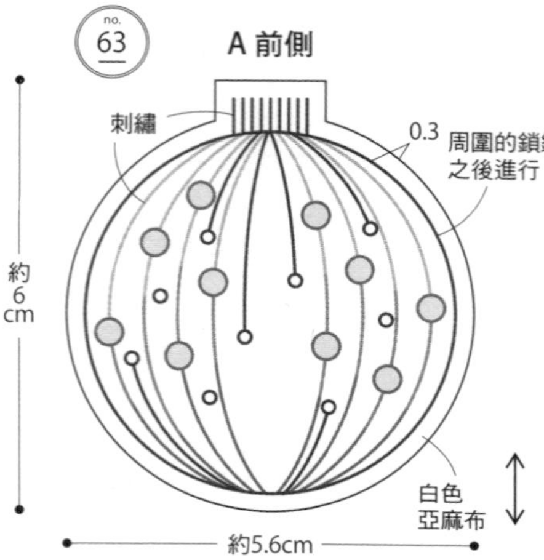

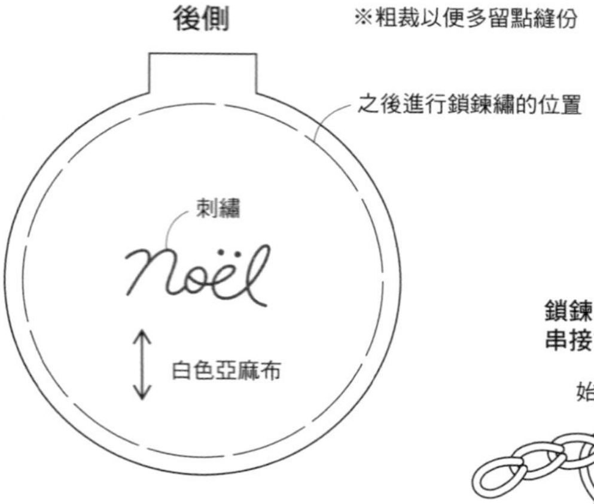

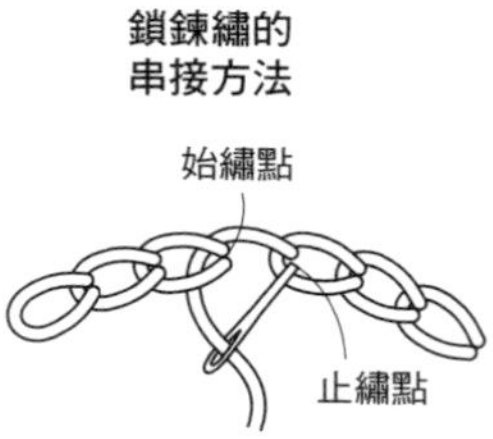

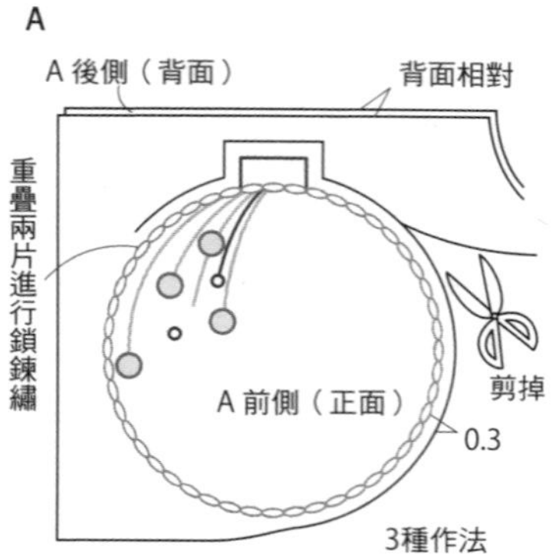

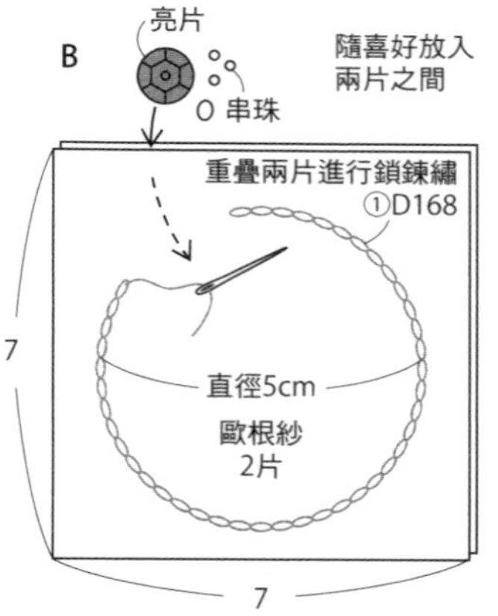

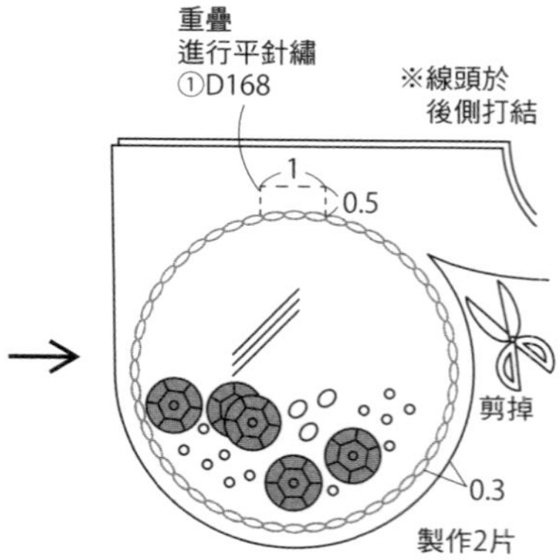

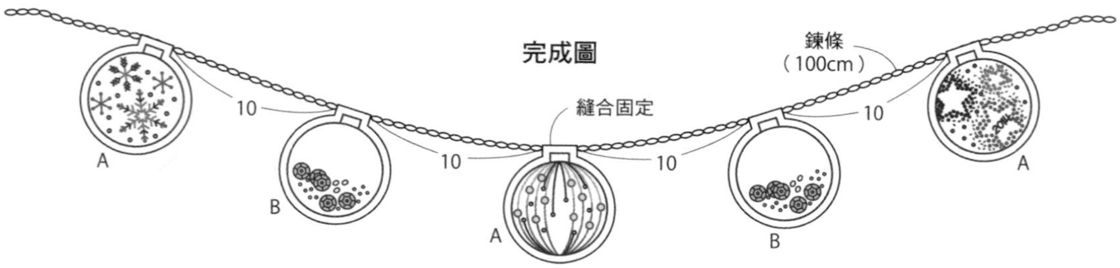

no. 64
本體
※原寸裁剪寬0.8cm的亞麻布條
0.5
15
0.5
2
2
2
2
纜繩繡
（5號線①909
或321）
釦眼邊飾繡
摺疊位置
摺疊位置
刺繡
釦眼邊飾繡
亞麻布條
中心
8
24
完成圖
孔眼繡
（25號繡線①BLANC）
摺三褶
2
1.5
1
邊繡
（25號繡線
①BLANC）
直徑
0.7cm
直徑0.2cm
1.5
8
19
邊繡（背面）※不抽橫向織線
0.5
2
每次挑縫3根織線
包覆蠟燭，
穿入繩子（43cm）打結
蠟燭
（直徑6cm）
孔眼繡
繡上兩圈
平針繡
圖案
在中心
穿洞
剪短始繡點的
線頭
尖錐
針穿入孔內捲縫
密實覆蓋平針繡
（正面）
（背面）
止繡點的線
由下穿入後剪斷
後側
（3件共用）
自前側
進行鎖鍊繡
回針繡
noël
※後側的文字隨喜好
分別使用926或927
no. 63
原寸圖案
一律為DMC繡線 除了指定處之外皆為25號繡線　D＝Diamant繡線
除了指定處之外皆為3股・法國結粒繡
法國結粒繡皆繞2圈
回針繡926
飛鳥繡
②927
鎖鍊繡①D168
927
回針繡168
①D168
168
直線繡
168
直線繡
927
回針繡926
鎖鍊繡①D168
回針繡①D168
回針繡926
浮凸緞面繡
②168
回針繡927
①D168
回針繡168
直線繡
927
鎖鍊繡①D168
直線繡926
926
927
①D168
2014
回針繡①D168
168
直線繡
168

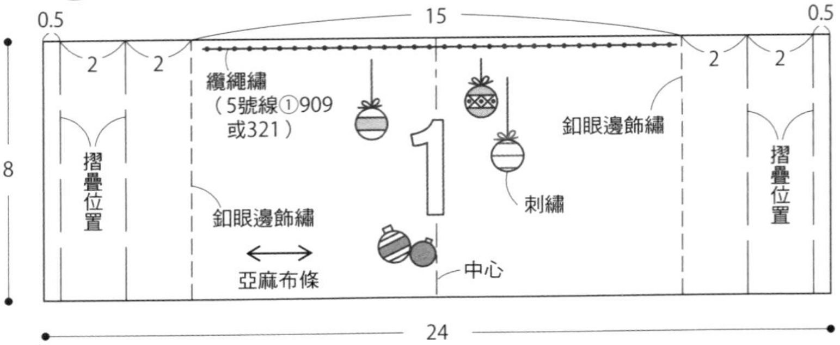

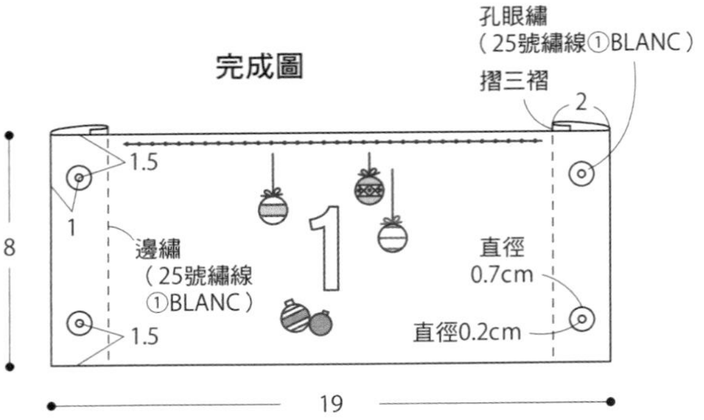

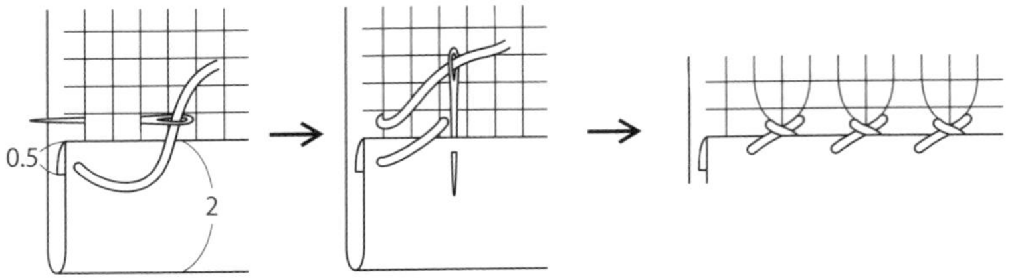

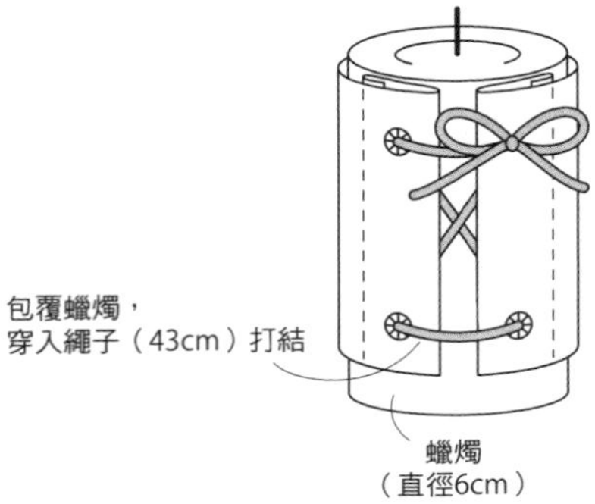

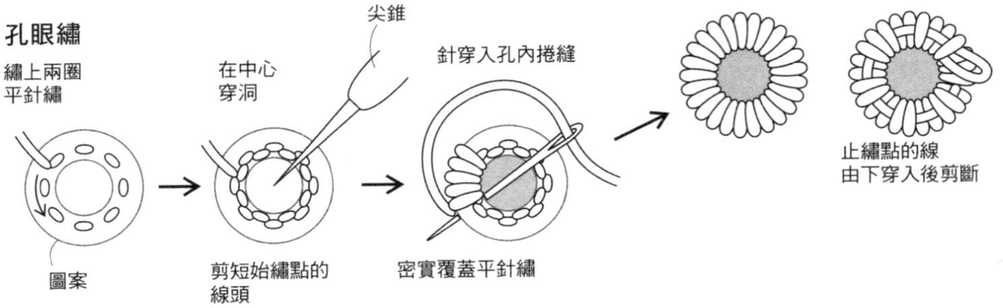

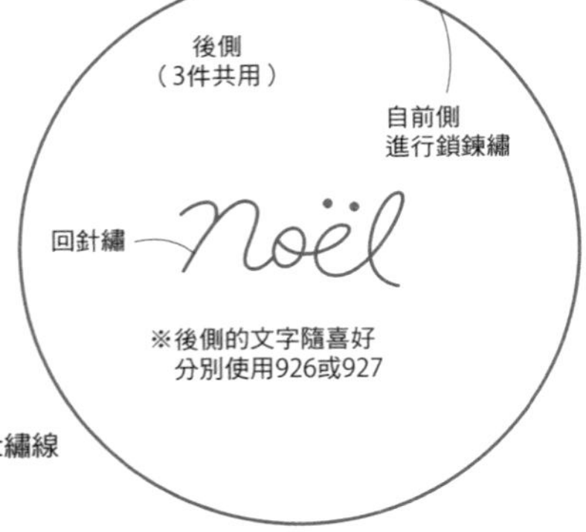

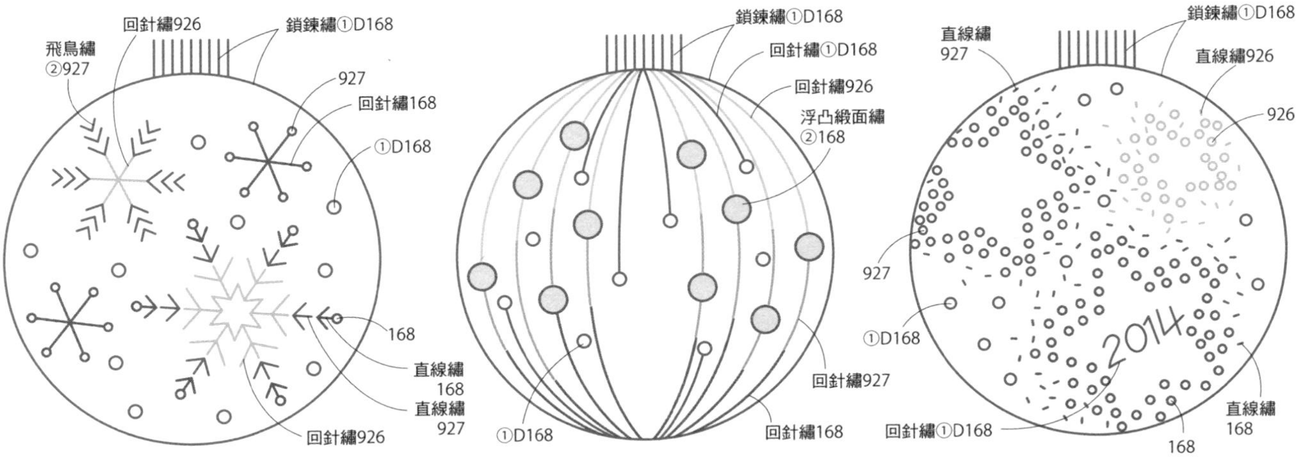

no. 66

P.056

紅包袋

材料（1件的用量）

紅包袋…米褐色亞麻布20×15cm、綠色亞麻布25×15cm、格紋亞麻布25×30cm、直徑0.8cm押釦1組、FUZIX MOCO各色適量

胸針…米褐色亞麻布7×15cm、化纖棉適量、長3cm胸針托1個、FUZIX MOCO各色適量

作法（紅包袋）

1 於前側進布進行刺繡，再與裡布正面相對疊合車縫袋口，翻至正面。

2 後側表布與步驟１的前側表布正面相對疊合，車縫返口位置（返口長6cm＋上下各1cm，共8cm）。

3 後側裡布與步驟２的前側裡布正面相對疊合，預留返口，車縫周圍。

4 從返口翻至正面，整理形狀。

5 縫合返口，裝上押釦。

※胸針作法參考圖示製作。

紅包袋前側

※縫份1cm

表布…米褐色亞麻布

裡布…格紋亞麻布

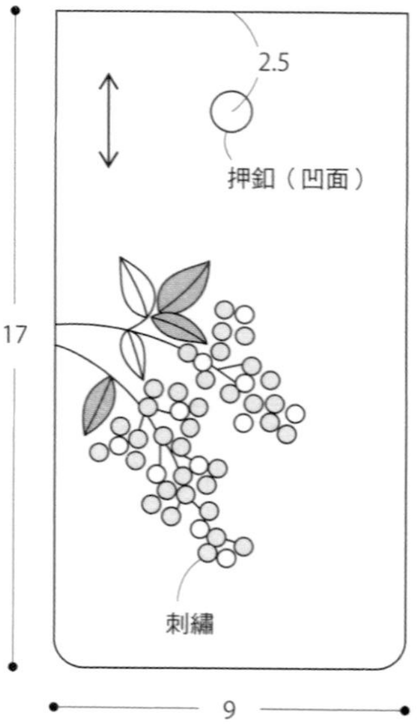

後側

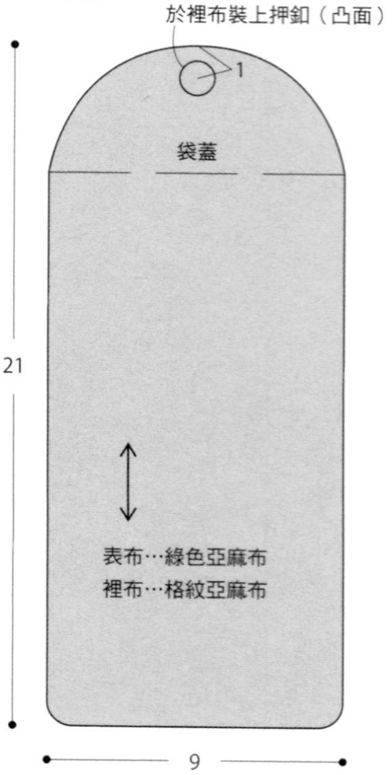

胸針前側

（後側同尺寸・皆為亞麻布）

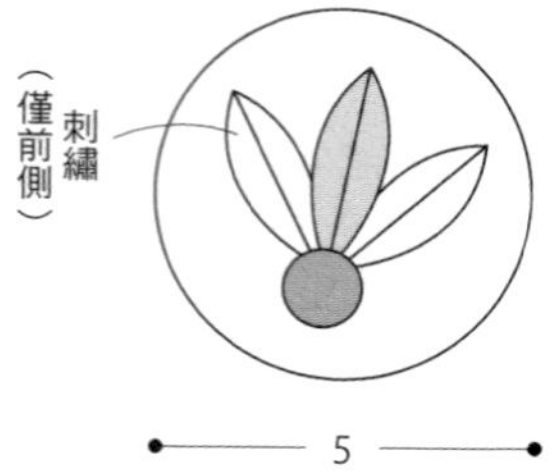

※縫份1cm

紅包袋作法

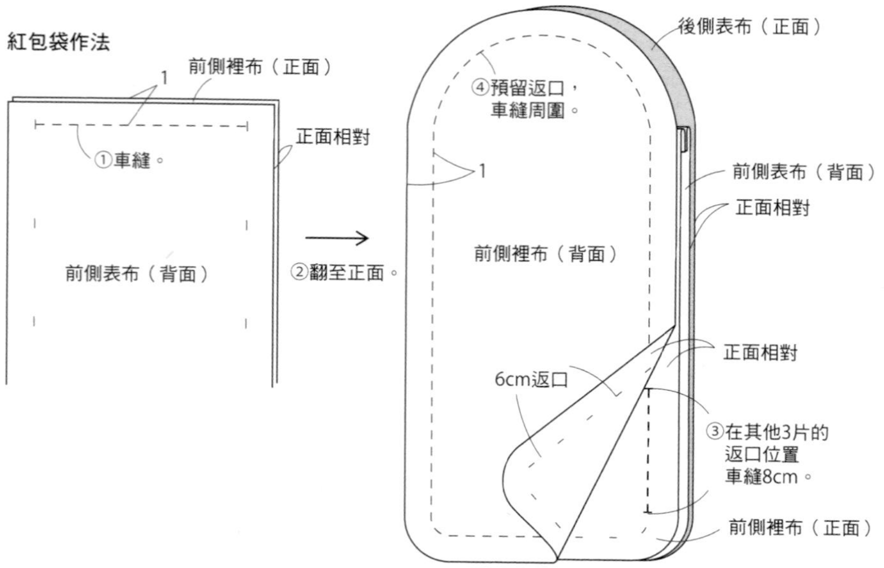

完成圖

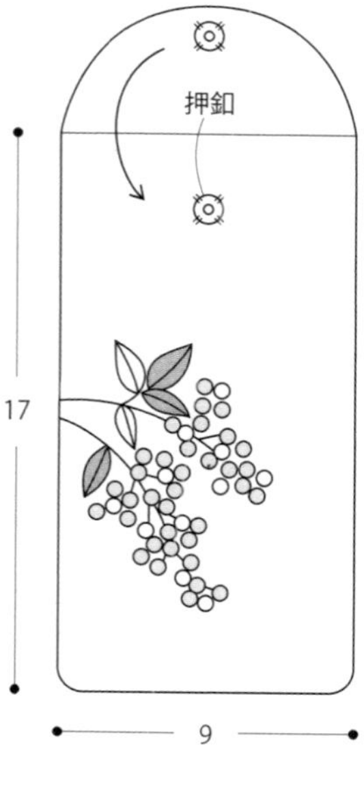

胸針原寸圖案

一律為FUZIX MOCO繡線1股
除了指定處之外皆為緞面繡

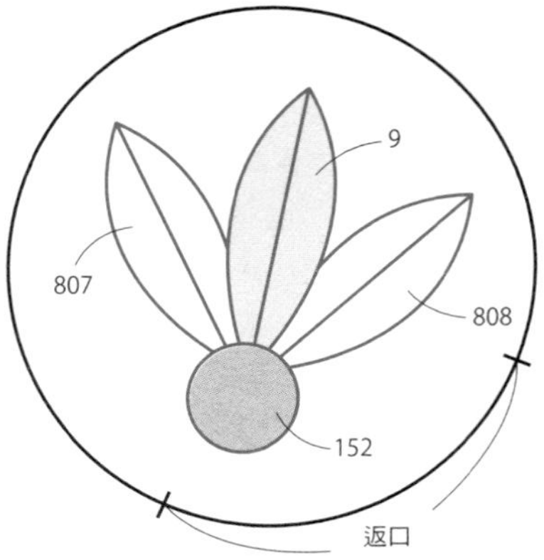

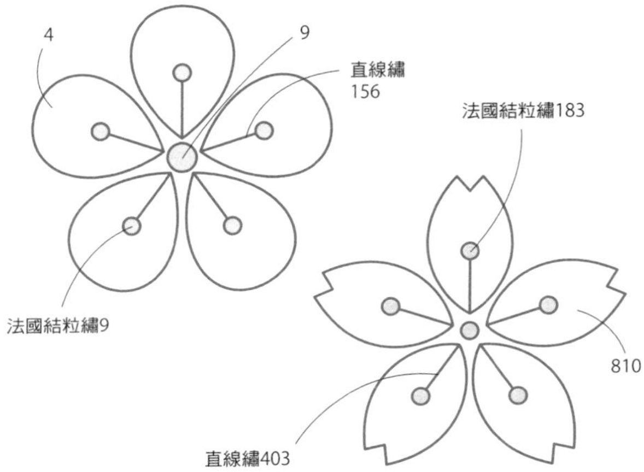

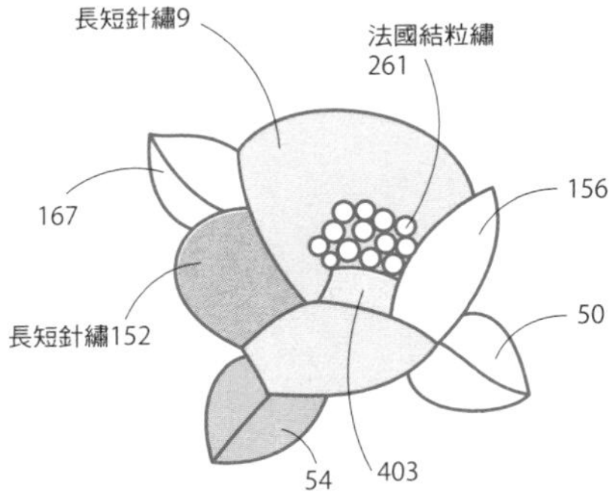

胸針作法

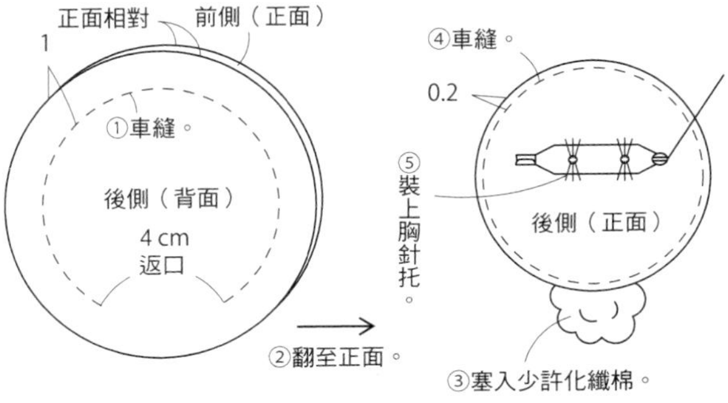

紅包袋 原寸圖案・紙型

一律為FUZIX MOCO繡線 1股
除了指定處之外皆為緞面繡

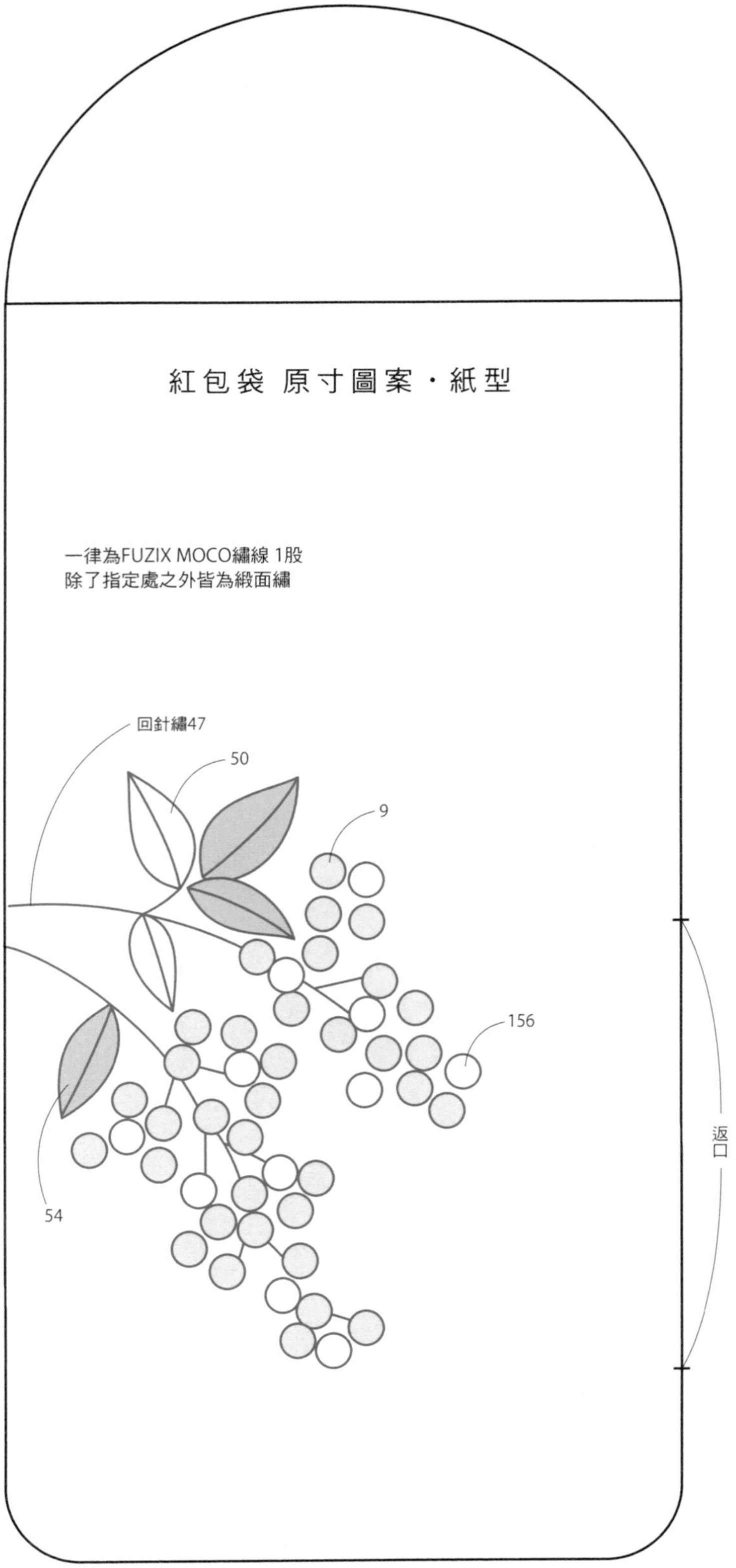

no. 68 沙包

P.058

材料（1件的用量・桃花）
櫻花色絲綢適量（10×5.5cm兩片，能套入繡框的大小）、紫色縮緬・桃色縮緬各10×6cm、紅豆（或填充塑膠粒）40g、DMC25繡線各色適量

作法
1進行刺繡並裁剪A・B兩片。
2A與C正面相對疊合，依序車縫ㄅ至ㄇ三邊。B與D作法亦同。
3將步驟2中製作的2組正面相對疊合，依序對齊記號一邊一邊的縫合。
4將最後一邊當成返口，整個翻至正面。
5從返口裝入紅豆。返口縫份摺向內側縫合固定。

★ 原寸圖案 ⟶ 作品圖案Ⓐ面

※縫份0.5cm

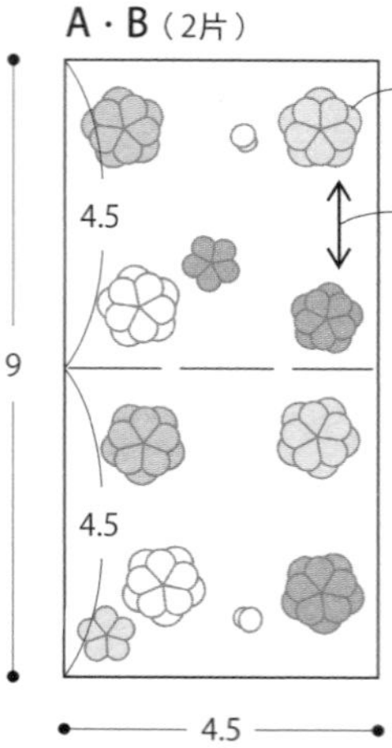

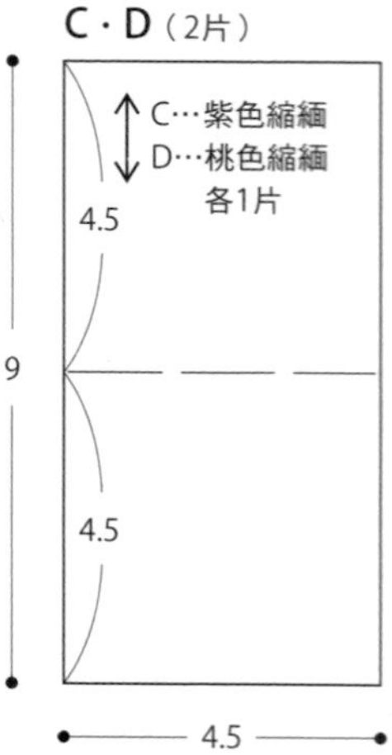

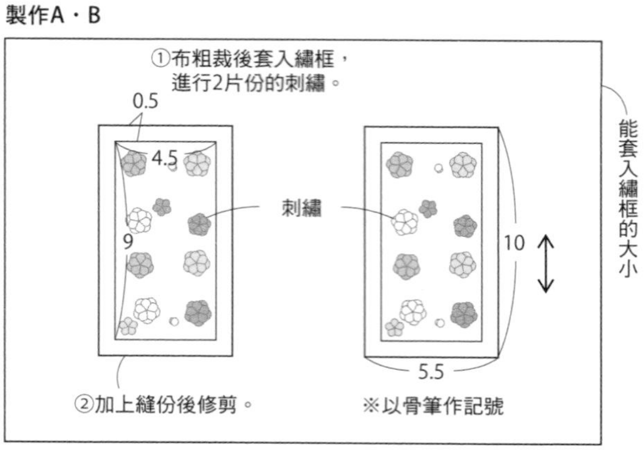

配置圖

※注意A・B的方向

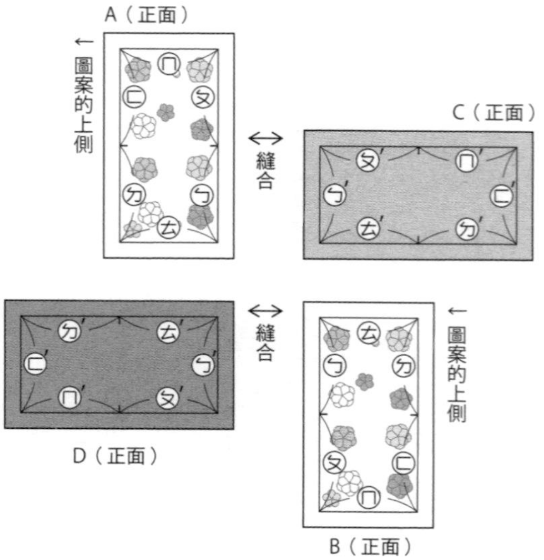

縫合方法

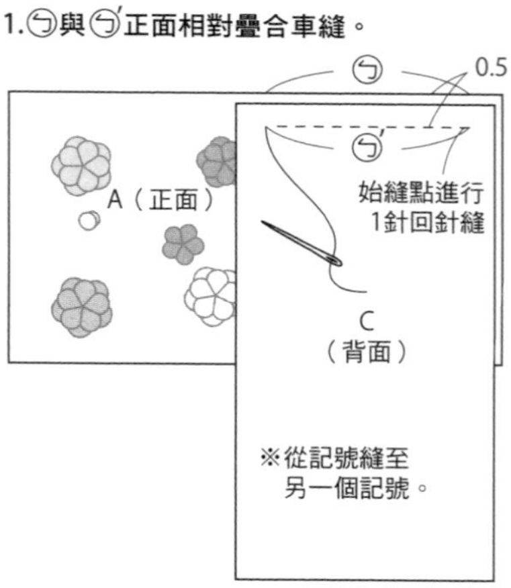

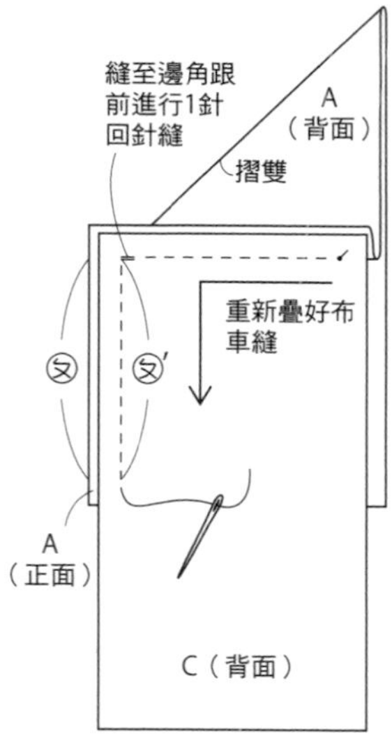

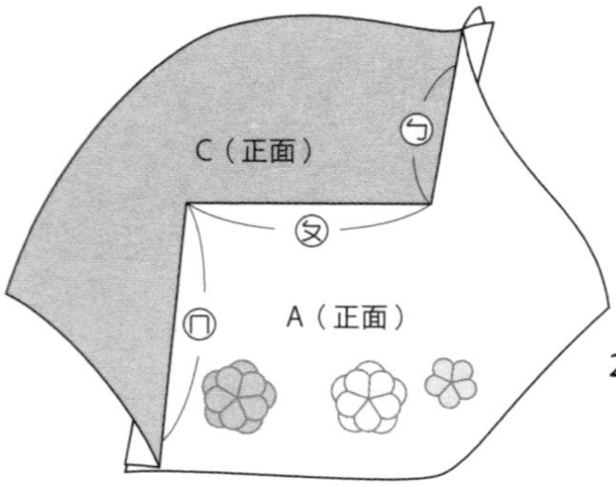

2.ㄇ與ㄇ'正面相對疊合車縫。

※B與D也同樣車縫ㄅ至ㄇ。

4.對齊記號，正面相對疊合車縫。

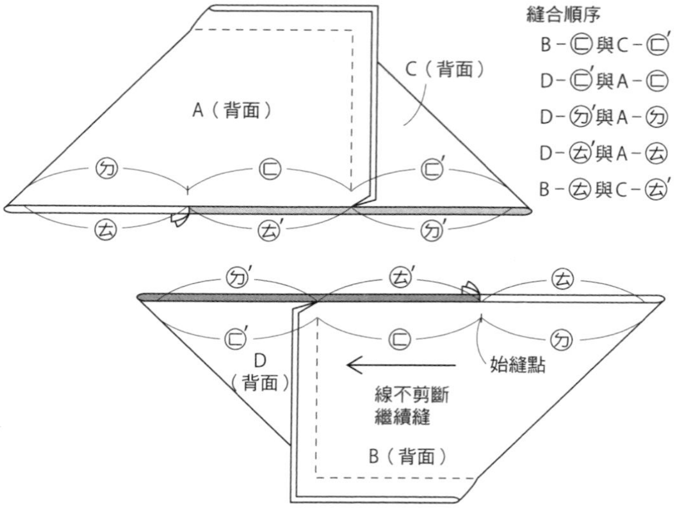

5.翻至正面

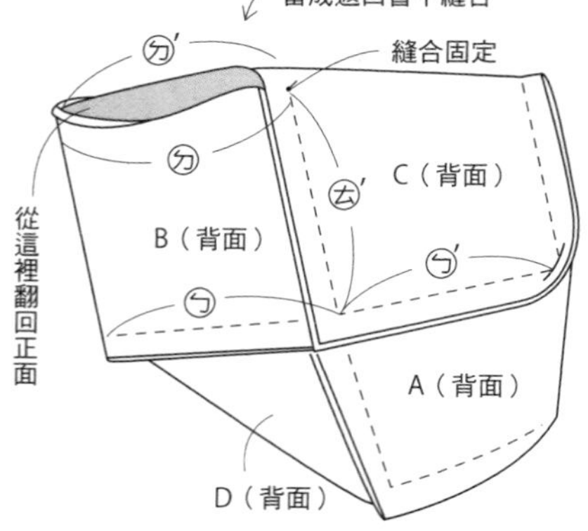

6.裝進紅豆

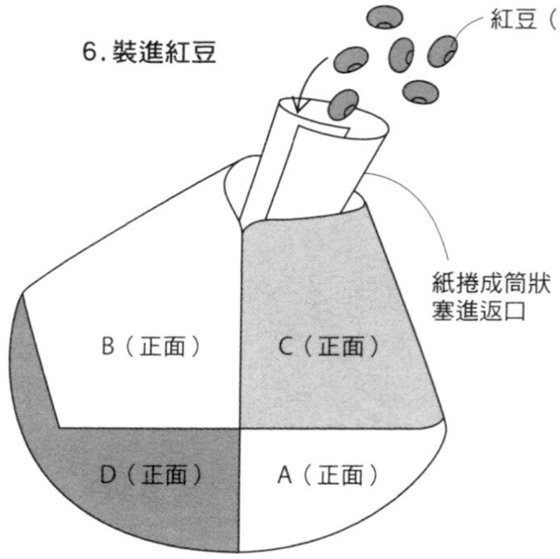

完成圖

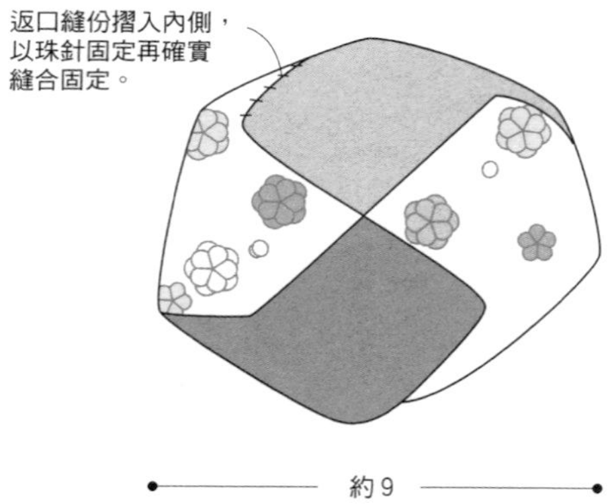

原寸圖案 no.70 P.059

一律為OLYMPUS25號繡線3股
除了指定處之外皆為長短針繡

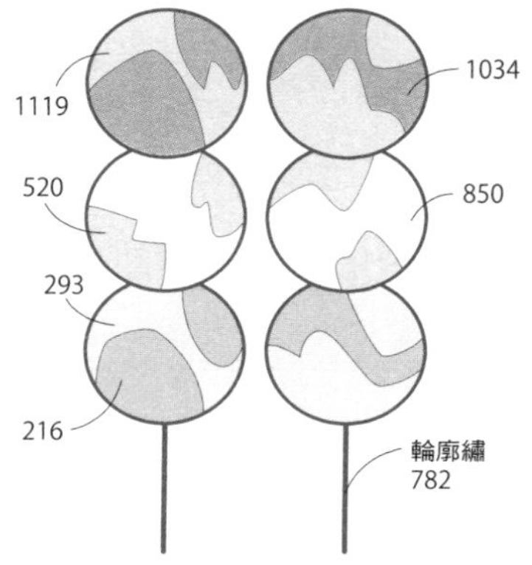

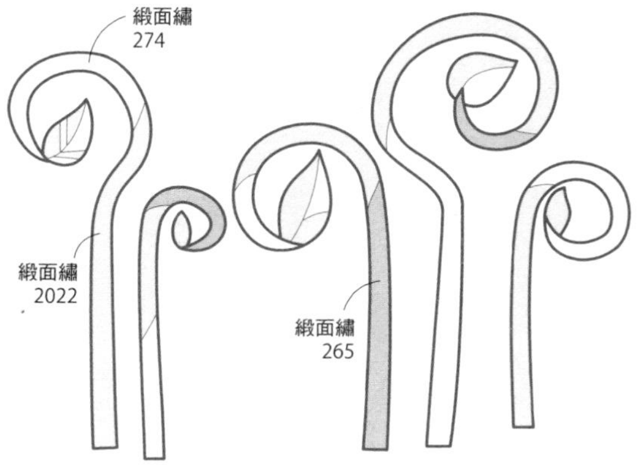

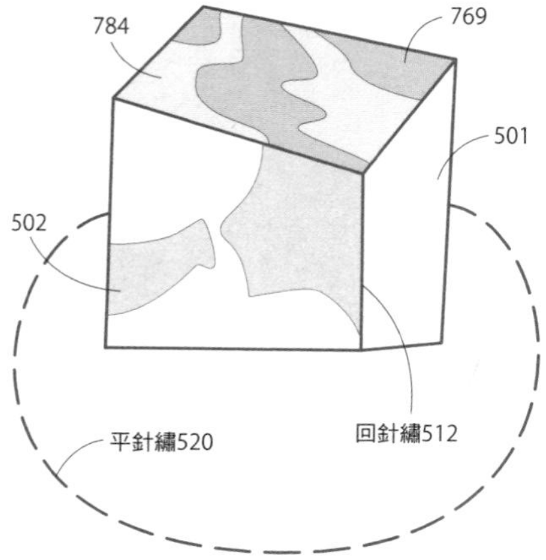

究極の可愛！歐風刺繡小物130選

完美收錄——手作人必學的重點刺繡 · 樣本刺繡 · 基礎繡法 · 基本技法

授　　　權／日本VOGUE社
刺繡諮詢／王棉老師
譯　　　者／瞿中蓮
發　行　人／詹慶和
總　編　輯／蔡麗玲
執行編輯／黃璟安
編　　　輯／蔡毓玲・劉蕙寧・陳姿伶・李宛真・陳昕儀
執行美編／周盈汝
美術編輯／陳麗娜・韓欣恬
內頁排版／造極
出　版　者／雅書堂文化事業有限公司
發　行　者／雅書堂文化事業有限公司
郵政劃撥帳號／18225950
戶　　　名／雅書堂文化事業有限公司
地　　　址／新北市板橋區板新路206號3樓
網　　　址／www.elegantbooks.com.tw
電子信箱／elegant.books@msa.hinet.net
電　　　話／(02)8952-4078
傳　　　真／(02)8952-4084

2019年3月初版一刷　定價450元

TOTTEOKI NO SHISHU KOMONO (NV70451)

Photographer:Akiko Oshima,Ikue Takizawa,Toshikatsu Watanabe
Original Japanese edition published in Japan by NIHON VOGUE Corp.
Traditional Chinese translation rights arranged with NIHON VOGUE Corp.
through Keio Cultural Enterprise Co., Ltd.

經銷／易可數位行銷股份有限公司
地址／新北市新店區寶橋路235巷6弄3號5樓
電話／(02)8911-0825
傳真／(02)8911-0801

國家圖書館出版品預行編目(CIP)資料

究極の可愛！歐風刺繡小物130選：完美收錄-手作人必學的重點刺繡.樣本刺繡.基礎繡法.基本技法 / 日本VOGUE社授權；瞿中蓮譯.
-- 初版. -- 新北市：雅書堂文化, 2019.03
面；　公分. -- (愛刺繡；19)
譯自：とつておきの刺しゅう小もの
ISBN 978-986-302-481-1(平裝)

1. 刺繡 2. 手工藝

426.2　　108002334

STAFF
攝影／渡辺淑克・白井由香里・大島明子・滝沢育絵
造型／鈴木亜希子・西森 萌・前田かおり・植松久美子・道広哲子
書籍設計／加藤美貴子
繪圖／まつもとゆみこ
協力／鈴木さかえ
編輯／佐々木 純

作品設計・製作

浅賀菜緒子・アトリエ Fil・石井寛子・umico・川畑杏奈(annas)、隈倉麻貴子・こむらたのりこ・笹尾多恵・ささきみえこ、シマヅカオリ・すぎはらはるみ(moco*moco)・せばたやすこ、立川一美・toccotocco(山神亜衣子)・中島一恵・西須久子、nål og tråd(針と糸)・早川靖子・堀内さゆり(Biene)・マルチナチャッコ・momo・森 れいこ・Rairai(蓬莱和歌子)・渡部友子(a Little Bird)

協力会社

アートファイバーエンド　AFE 麻刺しゅう糸・ウール刺しゅう糸
https://www.artfiberendo.co.jp/
オリムパス製絲株式会社　オリムパス刺しゅう糸
http://olympus-thread-shop.jp/
株式会社 KAWAGUCHI　007・024 ページのフレーム
http://kwgc.co.jp/
金亀糸業株式会社　アンカー刺しゅう糸
http://www.kinkame.co.jp/
クロバー株式会社　061・062 ページで紹介の針と用具
http://www.clover.co.jp/
ディー・エム・シー株式会社　DMC 刺しゅう糸・ディアマント
http://www.dmc-kk.com/
株式会社フジックス　フジックス モコ・ソワエ
http://www.fjx.co.jp/
ユキ・リミテッド　OOE 花糸
株式会社ルシアン　コスモ刺しゅう糸・にしきいと
http://www.lecien.co.jp/embroidery/

Bonheur

好評發售中！

Stitch 刺繡誌

Stitch 刺繡誌 13

Stitch刺繡誌
夢想無限！刺繡人の
手作童話國度
歐風刺繡VS繽紛十字繡

日本VOGUE社◎授權
定價380元

Stitch 刺繡誌 01

Stitch刺繡誌
花の刺繡好點子：
80+春日暖心刺繡×可愛
日系嚴選VS北歐雜貨風
定番手作

日本VOGUE社◎授權
定價380元

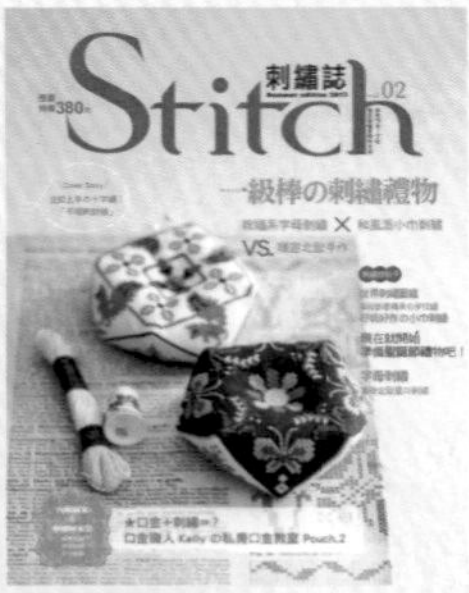

Stitch 刺繡誌 02

Stitch刺繡誌
一級棒の刺繡禮物：
祝福系字母刺繡×
和風派小巾刺繡
VS環遊北歐手作

日本VOGUE社◎授權
定價380元

Stitch 刺繡誌 03

Stitch刺繡誌
私の刺繡小風景
打造秋日の手感心刺繡
幸福系花柄刺繡×
可愛風插畫刺繡VS
彩色刺子繡

日本VOGUE社◎授權
定價380元

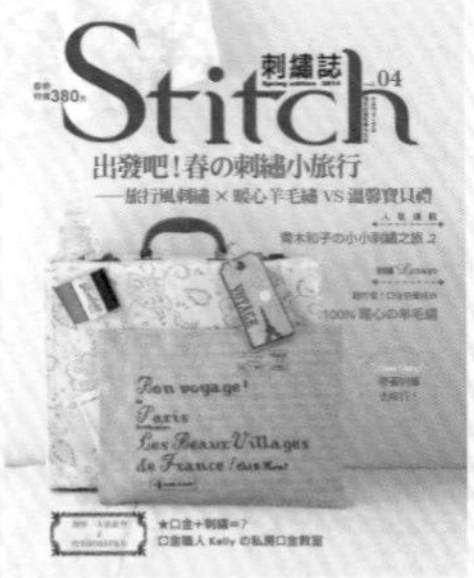

Stitch 刺繡誌 04

Stitch刺繡誌
出發吧！
春の刺繡小旅行──
旅行風刺繡×
暖心羊毛繡VS溫馨寶貝禮

日本VOGUE社◎授權
定價380元

Stitch 刺繡誌 05

Stitch刺繡誌
手作人の刺繡熱：
記憶裡盛開的花朵青春－
可愛感花朵刺繡×
日雜系和風刺繡
VS優雅流緞帶繡

日本VOGUE社◎授權
定價380元

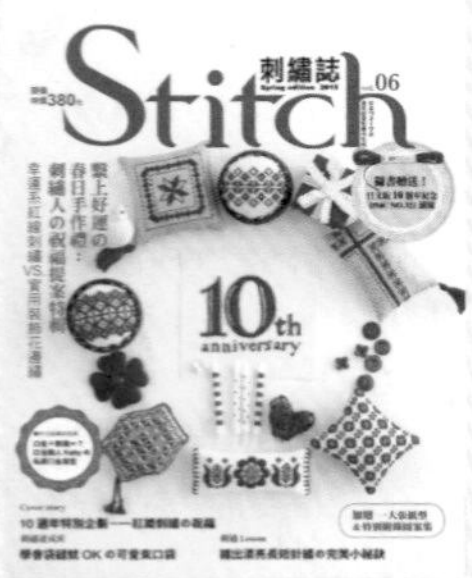

Stitch 刺繡誌 06

Stitch刺繡誌
繫上好運の春日手作禮
刺繡人の祝福提案特輯－
幸運系紅線刺繡VS
實用裝飾花邊繡

日本VOGUE社◎授權
定價380元

Stitch 刺繡誌 07

Stitch刺繡誌
刺繡人×夏日色彩學：
私の手作
COLORFUL DAY ──
彩色故事刺繡×
手感瑞典刺繡

日本VOGUE社◎授權
定價380元

Stitch 刺繡誌 08

Stitch刺繡誌
手作好日子！
季節の刺繡贈禮計劃：
連續花紋繡VS極致鏤空繡

日本VOGUE社◎授權
定價380元

愛刺繡，
愛生活！

Stitch刺繡誌 09

Stitch刺繡誌
刺繡の手作美：
春夏秋冬の優雅書寫
簡易釘線繡VS綺麗抽紗繡

日本VOGUE社◎授權
定價380元

Stitch刺繡誌 10

Stitch刺繡誌
彩色の刺繡季節：
手作人最愛の
好感居家提案
優雅風戶塚刺繡vs回針繡
的應用

日本VOGUE社◎授權
定價380元

Stitch刺繡誌 11

Stitch刺繡誌
刺繡花札 — 幸福展開！
職人的美日手作
質感古典繡vs可愛小布繡

日本VOGUE社◎授權
定價380元

Stitch刺繡誌 12

Stitch刺繡誌
致日常の刺繡小美好！
遇見花&綠的手作暖意
簡約風單色刺繡VS一目刺子繡

日本VOGUE社◎授權
定價380元

Stitch刺繡誌特輯 01

手作迷繡出來！
一針一線×幸福無限：
最想擁有的刺繡誌人氣刺繡
圖案Best 75

日本VOGUE社◎授權
定價380元

Stitch刺繡誌特輯 02

完全可愛のSTITCH
人氣繪本圖案100：
世界旅行風×手感插畫系
×初心十字繡

日本VOGUE社◎授權
定價450元

Stitch刺繡誌特輯 03

STITCHの刺繡花草
日季：手作迷の私藏
刺繡人氣圖案100＋
可愛Baby風小刺繡×
春夏好感系布作

日本VOGUE社◎授權
定價450元

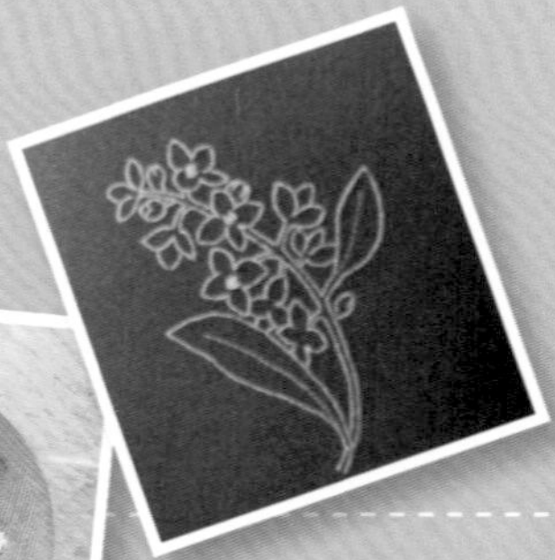